QING LAN
菁蓝童书馆

F. W. 奥斯特瓦尔德的诺贝尔化学奖证书

给孩子的化学课

化学原来可以这样学

[德]F.W. 奥斯特瓦尔德◎ 著

李文桨◎ 译

·化学校园1·

天津出版传媒集团

天津科学技术出版社

图书在版编目（CIP）数据

化学原来可以这样学：化学校园：全 3 册 /（德）
F.W. 奥斯特瓦尔德著；李文桨译 . -- 天津：天津科学
技术出版社，2020.9（2023.7 重印）
　ISBN 978-7-5576-8550-8

Ⅰ . ①化… Ⅱ . ①F… ②李… Ⅲ . ①化学－青少年读
物 Ⅳ . ① O6-49

中国版本图书馆 CIP 数据核字（2020）第 148361 号

化学原来可以这样学：化学校园（全 3 册）
HUAXUE YUANLAI KEYI ZHEYANG XUE：HUAXUE XIAOYUAN（QUAN SAN CE）

责任编辑：吴　顿
责任印制：兰　毅

出　　版： **天津出版传媒集团**
　　　　　天津科学技术出版社
地　　址：天津市西康路 35 号
邮　　编：300051
电　　话：（022）23332377（编辑部）
网　　址：www.tjkjcbs.com.cn
发　　行：新华书店经销
印　　刷：天津市天玺印务有限公司

开本 710×1000　1/16　印张 31　字数 360 000
2023 年 7 月第 1 版第 2 次印刷
定价：118.00 元（全 3 册）

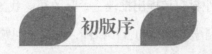

初版序

我写这本书的动机，不仅是为了过去，也是为了未来。

我最初学习化学时，曾阅读过斯托克哈德（Stöckhardt）所著的《化学校园》。这本书使我在化学方面终身受益，实在是万分幸运。斯托克哈德这本书不仅能以简洁的笔法将各种事实呈现出来，又能用巧妙的方法使初学者看懂各种化学实验，所以这是一部杰作。后来，我在化学方面的工作虽然侧重于一般问题的研讨，但是始终能做到保持经验的立场，这不能不归功于此书。所以直至今日我仍然感谢它！现在，曾出版斯托克哈德这本著作的出版社邀请我撰写一部新的《化学校园》，我深感荣幸，同时也可以借这个机会报答斯托克哈德的恩情，于是欣然接受了这一使命。这些就是我撰写此书的历史性动机，而未来性动机也与此相似。

化学在 18 世纪末经历了长期而充分的发展，德国是其重镇。德国成千上万的学者，依靠堪称模范式的教育机关的资助，才能在学术界和工业界的紧密合作下，创造出这一学科。这一学科不断发展，不断健全，然而其范围最初仅限于有机化学，即使是今天，也仍有大部分化学家是遵循这种捷径培养出来的。问题在于，任何追求速度的发展，背后一定危机四伏，而及时指出危机，便是眼光长远的人所应共同担负的责任。

无机化学成为一门学科，实际上要早于有机化学；并且在有机化合物工业之外，还有无机化合物工业的存在，而后者实在是一切化学工业的根基。让研究有机化学的青年化学家来解决无机化学方面的问题，这一做法实属不当，所以工业界应该提出批评，呼吁改革。我国的化学教师，也应继承我国工业界和科学界特有的合作精神，对这个问题予以重视。

根据我的分析，如果要避免化学因为这种偏向而引发危机，就必须采用来源于化学本身的普通物理化学。因为普通物理化学的研究对象，是有机化学与无机化学或纯粹化学与应用化学的一切基本问题，因此普通物理化学是任何化学教育的基础。在我过去各种性质与论述范围不同的著作中，我都根据当下的发展情形，尽力将普通物理化学介绍给各位学子和化学从业者。我努力的结果和我历年的教学经验说明，初学化学时遵循上述途径是可行的，也是必要的。我的这本《化学校园》同样也是我朝这方面努力的结果。

一年前，这本书的第一部分出版后，受到了各界的赞许，促使我力求这第二部分收获同样的效果。忆起我在年轻时（这种回忆对于此书的贡献，比我日后由教学所得到的经验还要大），曾感到说明定比定律是一件困难的事情，然而我们若是用历史眼光对这一定律加以观察，就不难排除这种困难。过去里希特（F. X. Richter）中和定律的发明，实在是迈入被数量支配的化学领域的第一步。所以今天我们在探讨定比定律时，应以便于实验和了解酸和碱的中和现象为基础。这种教学方法一旦实施，很快就能证明它的优点。我盼望这种教学方式不但能使初学者易于入门，还能让教学者受到启发。我确信这种教学方法比那些基于气体容积定律的普通教学方法高明。二十年前，我就深信科学逻辑的发展与其历史的发展之间有密切的联系，这种信念如今再次被证实，对我来说是一重大的启示。

在此书中，有关上述观点所应用的教学经验和原理，多数曾见于我其他著作之中。但为了我的讲解不超出读者的理解范围，我在写作的过程中时刻注意。所以有时候我撇开话题，将突然出现的新知识点放在他处加以讨论，使读者便于理解，同时让新知识点得以在后文中充分展开。这样也避免了青年读者在学完一门化学课程之后就自以为无所不知（曾经就有人以此为由，主张化学不宜学得太早），引发他们探索高深科学的欲望（前提是他们对此具有感受能力）——这种求知欲是未来科学家的精神要素。而教师目前的任务，难道还有比培养国民具备这种独立思想与进取精神更重要的吗？

这本书的第一部分曾经得到诸位专家宝贵的建议，我倍感幸运。在这本书再版之时，我当悉心修正，不负众望。今天，这本书的第二部分亦已付梓，希望诸位专家仍旧给予帮助，因为这本书实在不仅是为初学者而写的。

F.W. 奥斯特瓦尔德 写于莱比锡

1904 年 8 月

第 2 ~ 4 版序

在我所有的著作中，没有哪一本比《化学校园》更畅销、译本更多。我能够断言，这是因为它的形式与内容符合大部分读者的需求。现在我根据出版社的建议，推出一版更为低价的《化学校园》，让那些曾经因手头拮据而未购买的读者能够人手一本。借此机会，我删减了书中无关紧要的、使读者难以理解的一些篇章，并将书中没有解释清楚的地方加以改进，好在需要改进的地方不算太多。

曾有细心的读者指出了书中的错讹之处，让我感激不尽，这种有价值的合作如果能永不松懈，实属万幸！

F. W. 奥斯特瓦尔德

1910 年 2 月，1913 年 11 月，1919 年 5 月

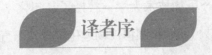

译者序

　　弗里德里希·威廉·奥斯特瓦尔德（Friedrich Wilhelm Ostwald），德国著名化学家，1853 年 5 月 2 日出生于拉脱维亚的首都里加。

　　奥斯特瓦尔德的父亲是一名制作木桶的手艺人，母亲是一名面包师的女儿，热爱艺术。虽然家境贫寒，但他们对孩子的教育十分重视。因此，在父母的熏陶下，奥斯特瓦尔德在童年时代便练就了一双巧手和一颗慧心。他会弹钢琴，喜欢画画，擅长制作各种器具。

　　10 岁时，奥斯特瓦尔德结束了为期四年的启蒙教育，继而进入一所实科中学。实科中学开设的课程以数学、物理、化学、博物学等自然学科为主，旨在培养技术型人才。在这所学校里，奥斯特瓦尔德疯狂地阅读各类书刊（其中就包括斯托克哈德的《化学校园》），热衷于搜寻植物、制作标本，甚至拿出零花钱购买化学仪器和化学药品，在父母的支持下制成了烟花。

　　中学毕业后，奥斯特瓦尔德进入多帕特大学深造。在这里，奥斯特瓦尔德不仅深入学习了各种科学知识，而且重新拾起了画笔和乐器。

　　1875 年，奥斯特瓦尔德获准大学毕业，随后一边担任助教，一边准备候补学位考试的论文。1877 年，奥斯特瓦尔德获得了化学硕士学位，又于次年获得了化学博士学位。此时，年仅 25 岁的奥斯特瓦尔德已经跻身于一流化学家的行列，一名来自剑桥大学的化学家当时如此称赞他："奥斯特瓦尔德提供了解决某些最困难的化学问题的新方法。"

随着奥斯特瓦尔德的名声越来越大，一些大学争相聘请他去任教。他在里加工业学院（今里加技术大学）教授了几年化学之后，于 1887 年接受莱比锡大学的聘请，回到祖国担任物理化学教授，直到 1906 年退休。

在莱比锡大学，奥斯特瓦尔德拥有专门的物理化学实验室，并与著名化学家范特霍夫（首位诺贝尔化学奖得主）共同创办了《物理化学杂志》，该刊标志着物理化学学科的正式诞生，也使奥斯特瓦尔德赢得了"物理化学之父"的尊称。在当时，莱比锡大学的这间实验室便是物理化学的世界中心。据统计，一共有 300 多位科学家曾来到这里协助奥斯特瓦尔德工作，其中包括 1914 年诺贝尔化学奖得主西奥多·威廉·理查兹、1920 年诺贝尔化学奖得主能斯特、1923 年诺贝尔化学奖得主弗里茨·普雷格尔等。除了醉心于化学实验与学术研究，奥斯特瓦尔德在任教期间还出版了大量著作，如教材《分析化学基础》《无机化学大纲》和科普读物《化学校园》等，这些著作无一不在当时产生了重要的影响。

从莱比锡大学退休之后，奥斯特瓦尔德将大部分时间用于撰写著作，其间还专门研究了色彩理论，到美国各大名校发表演说。1909 年，由于在催化作用、化学平衡、化学反应速率和氨制硝酸等方面的开创性工作，奥斯特瓦尔德获得了诺贝尔化学奖。直到 1932 年去世，奥斯特瓦尔德从未停止思考，正如英国化学家唐南所说："在他的一生中，新思想没有一刻不在他的头脑中喷涌，他那流利的笔锋没有一刻不在把他洞见到的真理传播到黑暗之处。"

如果要用一句话来概括奥斯特瓦尔德，最合适的便是"著作等身的哲人科学家"。在他出版的著作中，不仅有深奥的化学巨著，也有自成一格的色彩专著、艰深晦涩的哲学作品和深刻动人的自传，甚至还有画集。对于一位科学伟人来说，这些都不足为奇，唯一令人感到意外的是，奥斯特瓦尔德专门为青少年创作的《化学校园》竟成了他流传最广的作品。

在《化学校园》的初版序中，奥斯特瓦尔德提到了他撰写此书的目的：一方面是为了致敬斯托克哈德的同名作品，那部作品为他打开了化学之门，使他终身受益；另一方面则是为了引发新时代的青少年探索高深科学的欲望。

事实证明，奥斯特瓦尔德做到了。在《化学校园》中，他为我们塑造了一对可亲可爱的师生：老师学识渊博、性格温和，学生活泼开朗、聪明好学。在老师的谆谆教诲之下，学生由化学"小白"逐渐成长为化学"小能手"。读者见证了这名学生的成长，也在不知不觉中完成了化学入门。为什么是不知不觉呢？翻开本书，你就会发现，那位老师并没有强行灌输知识，而是由浅入深、旁征博引且娓娓道来；学生也不是一台死气沉沉的学习机器，而是一名充满活力、心怀理想的纯真少年。我们完全可以这样想象，当奥斯特瓦尔德奋笔疾书的时候，他将自己交替代入师生的角色之中——扮演老师时，他将所有的爱与知识传递给"嗷嗷待哺"的学生；扮演学生时，他仿佛回到少年时代，心怀感激，一心一意地接受科学的浇灌。

此外，这部通篇采用对话体裁的科普作品，也由于奥斯特瓦尔德的哲学家气质，偶尔呈现出柏拉图对话录式的独特风貌，这一点我们可以通过书中教师的一些富于哲理的生动类比看出来。

这样一部杰出的科普作品，当它风靡欧美各国的时候，我国尚处于动乱的清朝末期。直至1935年，我国才引进这部作品，译作《化学学校》。

时过境迁，旧译本早已被人遗忘，屈身于故纸堆中。现在，我们再度翻出这部著作，对其进行重译、再版，使其重新进入国人的视野，再放光彩，即使它将要面对的是一个科普读物井喷、科学知识日新月异的时代。

　　需要说明的是，译者按照当下的标准，对书中已经过时的化学知识进行了一定程度的删减和改写。这样做的主要原因是，译者认为，这本诞生于一个世纪前的科普读物之所以还有普遍流传的意义，不在于其中的知识是否有了变化，而在于这种传播知识的有效形式和真诚的态度是永垂不朽的。

　　由于译者水平有限，书中难免存在讹误之处，敬请广大读者谅解，并提出宝贵的意见和建议！

李文桨

目录 CONTENTS

第 一 课 ｜ 物质 ———————————————— 001

第 二 课 ｜ 性质 ———————————————— 005

第 三 课 ｜ 纯净物与混合物 ———————————— 010

第 四 课 ｜ 溶液 ———————————————— 015

第 五 课 ｜ 熔化与凝固 ————————————— 021

第 六 课 ｜ 蒸发与沸腾 ————————————— 026

第 七 课 ｜ 计量单位 —————————————— 031

第 八 课 ｜ 密度 ———————————————— 040

第 九 课 ｜ 物态 ———————————————— 047

第 十 课 ｜ 燃烧 ———————————————— 053

第十一课 ｜ 氧气（一） ————————————— 063

第 十 二 课 ｜ 化合物及其成分 ⋯⋯⋯⋯⋯⋯⋯⋯⋯⋯ 074

第 十 三 课 ｜ 元素 ⋯⋯⋯⋯⋯⋯⋯⋯⋯⋯⋯⋯⋯⋯ 083

第 十 四 课 ｜ 轻金属 ⋯⋯⋯⋯⋯⋯⋯⋯⋯⋯⋯⋯⋯ 092

第 十 五 课 ｜ 重金属 ⋯⋯⋯⋯⋯⋯⋯⋯⋯⋯⋯⋯⋯ 100

第 十 六 课 ｜ 氧气（二） ⋯⋯⋯⋯⋯⋯⋯⋯⋯⋯⋯⋯ 104

第 十 七 课 ｜ 氢气 ⋯⋯⋯⋯⋯⋯⋯⋯⋯⋯⋯⋯⋯⋯ 112

第 十 八 课 ｜ "爆炸气" ⋯⋯⋯⋯⋯⋯⋯⋯⋯⋯⋯⋯ 119

第 十 九 课 ｜ 水 ⋯⋯⋯⋯⋯⋯⋯⋯⋯⋯⋯⋯⋯⋯⋯ 130

第 二 十 课 ｜ 冰 ⋯⋯⋯⋯⋯⋯⋯⋯⋯⋯⋯⋯⋯⋯⋯ 137

第二十一课 ｜ 水蒸气 ⋯⋯⋯⋯⋯⋯⋯⋯⋯⋯⋯⋯⋯ 143

第二十二课 ｜ 氮气 ⋯⋯⋯⋯⋯⋯⋯⋯⋯⋯⋯⋯⋯⋯ 152

第二十三课 ｜ 空气 ⋯⋯⋯⋯⋯⋯⋯⋯⋯⋯⋯⋯⋯⋯ 156

第二十四课 ｜ 碳（一） ⋯⋯⋯⋯⋯⋯⋯⋯⋯⋯⋯⋯ 163

第二十五课 ｜ 一氧化碳 ⋯⋯⋯⋯⋯⋯⋯⋯⋯⋯⋯⋯ 170

第二十六课 ｜ 二氧化碳 ⋯⋯⋯⋯⋯⋯⋯⋯⋯⋯⋯⋯ 173

第二十七课 ｜ 阳光 ⋯⋯⋯⋯⋯⋯⋯⋯⋯⋯⋯⋯⋯⋯ 179

第二十八课 ｜ 氯气的制备和性质 ⋯⋯⋯⋯⋯⋯⋯⋯ 185

第二十九课 ｜ 氯气和水 ⋯⋯⋯⋯⋯⋯⋯⋯⋯⋯⋯⋯ 191

第 三 十 课 ｜ 酸和碱 ⋯⋯⋯⋯⋯⋯⋯⋯⋯⋯⋯⋯⋯ 196

第三十一课 ｜ 化学当量 ⋯⋯⋯⋯⋯⋯⋯⋯⋯⋯⋯⋯ 204

第三十二课 ｜ 原子量 ⋯⋯⋯⋯⋯⋯⋯⋯⋯⋯⋯⋯⋯ 211

第三十三课 ｜ 倍比定律 　　　　　　　　　　　215

第三十四课 ｜ 气体化合体积定律 　　　　　　222

第三十五课 ｜ 电解 　　　　　　　　　　　　230

第三十六课 ｜ 酸 　　　　　　　　　　　　　238

第三十七课 ｜ 盐 　　　　　　　　　　　　　245

第三十八课 ｜ 氯的氧化物 　　　　　　　　　258

第三十九课 ｜ 溴 　　　　　　　　　　　　　264

第 四 十 课 ｜ 碘 　　　　　　　　　　　　　273

第四十一课 ｜ 硫 　　　　　　　　　　　　　283

第四十二课 ｜ 硫酸 　　　　　　　　　　　　291

第四十三课 ｜ 硫化氢 　　　　　　　　　　　298

第四十四课 ｜ 氮和硝酸 　　　　　　　　　　306

第四十五课 ｜ 氨 　　　　　　　　　　　　　313

第四十六课 ｜ 磷 　　　　　　　　　　　　　318

第四十七课 ｜ 碳（二） 　　　　　　　　　　325

第四十八课 ｜ 碳（三） 　　　　　　　　　　330

第四十九课 ｜ 硅 　　　　　　　　　　　　　340

第 五 十 课 ｜ 钠（一） 　　　　　　　　　　345

第五十一课 ｜ 钠（二） 　　　　　　　　　　351

第五十二课 ｜ 钾与铵 　　　　　　　　　　　358

第五十三课 ｜ 钙（一） 　　　　　　　　　　368

第五十四课 | 钙（二）——————————— 373

第五十五课 | 钡、锶、镁 ——————— 377

第五十六课 | 铝 ————————————— 382

第五十七课 | 铁（一）——————————— 388

第五十八课 | 铁（二）——————————— 395

第五十九课 | 铁（三）——————————— 401

第 六 十 课 | 锰 ————————————— 408

第六十一课 | 铬 ————————————— 414

第六十二课 | 钴与镍 ——————————— 420

第六十三课 | 锌 ————————————— 425

第六十四课 | 铜（一）——————————— 430

第六十五课 | 铜（二）——————————— 436

第六十六课 | 铅 ————————————— 442

第六十七课 | 汞 ————————————— 448

第六十八课 | 银 ————————————— 453

第六十九课 | 锡 ————————————— 458

第 七 十 课 | 金和铂 ———————————— 464

第一课｜物质

师　今天我们要开始学点儿新东西了，那就是化学。

生　什么是化学呢？

师　化学是一种自然科学。你已经学过不少关于动植物的知识了，实际上，研究动物的学问我们就叫它动物学，研究植物的学问我们就叫它植物学。

生　那化学就是研究石头的学问吗？

师　不对，研究石头的学问叫矿物学。不过化学跟矿物学是有联系的，矿物学也不只是研究石头那么简单，因为地底下的所有物质，比如，硫黄、金子，还有煤等，都是矿物学研究的内容。而这些物质也在化学的研究范围内。另外还有一些东西是地底下没有的，但是我们可以用其他东西造出来，比如，糖、玻璃，这些也属于化学范围之内。所以说，化学是研究所有自然界存在的或人造物质的一门学科。

生　这么说，树也属于化学范围吗？

师　树的整体不属于化学范围，因为树并不是单纯的物质呀！

生　但树是由木头组成的，木头肯定是物质吧？

师　对啊，木头确实是物质。但树还包含其他东西，比如，树的叶子和果实就不是木头组成的。当然了，如果我们把这些物质一一分开来看，它们肯定都属于化学范围。但是我们要想得到这些物质，就必须先把树给毁了。

生　那物质到底是什么东西呢？

师　要想讲清楚这个问题，三言两语可不够。我想也许你已经明白了，只不过还不知道怎么用语言来表达。不过我应该可以帮你——你看这是什么？

生　我猜这是糖。

师　你为什么觉得它是糖呢？

生　因为我家糖罐里的糖跟它长得一模一样。我尝尝看……对啦，这就是糖，它是甜的！

师　你还有别的办法可以知道这是糖吗？

生　糖粘在手指上会黏黏的，这个也是黏黏的。

师　也就是说，如果有人拿着一种物质问你这是不是糖，你就会通过它的外表、味道以及黏黏的触感来判断。这些用于区分物质的特征在化学中被称作性质。糖是一种物质，因此我们可以通过物质的性质去辨别它。那你猜猜看，某种物质的所有性质都可以被用来当作判断依据吗？

生　如果我知道它所有的性质，那当然是可以的。

师　那糖只有一种吗？肯定不是，比如，我们知道的大块的冰糖，还有像沙子一样的白糖，这两种都是糖，如果你把冰糖研磨成细小的颗粒，冰糖也就变成白糖了。

生　还真是呢！这样说来，它们就是同一种东西啊。

师　对，它们都是糖，但是冰糖的一个性质改变了。一种物质的形状也可以视为它的性质，但不管形状怎样变化，其中的物质是不会变的，量也是这样——不论糖罐是满满的还是只有一点点糖，罐子里面的糖仍然是糖，所以形状和量这两种性质不能用来区分物质。我再问你，糖是热的还是冷的？

生　这个我可没法确定，它既可以是热的，也可以是冷的。

师　对啦！所以冷和热也不是我们可以用来辨别物质的一种性质。

生　这我懂了，因为我们可以随便改变糖的大小、冷热，想要它怎样就能怎样。

师　是的，现在我们说到问题的核心了。一种东西的性质，有些是我们无法改变的。比如，糖尝起来是甜的，粘在手上是黏黏的。只要是糖，就都有这样的特点。但我们可以改变糖的大小、形状和冷热。任何物质都会有某种不变的性质，所以一种东西只要含有这种不变的性质，它就属于物质，与它的冷热、大小或者其他能被改变的性质无关。生活中经常有一些东西，它们的名称与其所含有的物质不相对应，因为它们有特定的用途或特殊的形状，这时候我们就会说它们是由某物质制成的。

生　这一点我不太懂。

师　那你看，这是什么？那是什么？

生　这是一根针，那是一把剪刀。

师　针和剪刀是物质吗？

生　我不太清楚，可能不是吧。

师　如果你想知道一样东西是不是物质，你只要思考一下这个东西是由什么制成的，这样你就知道它所包含的物质的名称了。比如，针和剪刀是用什么制成的？

生　它们是铁做的，所以铁就是一种物质，对吗？

师　对，因为一块铁，不论它是大是小、是冷是热，它还是一块铁。

生　那印书的纸、做桌子的木头，还有砌火炉的砖，它们都是物质啦？

师　前面两个说对了，最后一个就不对了。如果你把一块砖砸碎，它还是砖吗？肯定不是。所以说，砖这个名称，只能用在具有那一种形状的东西上，所以它不是一种物质。那么砖是什么东西做的呢？

生　砖是陶土做的。

师　那陶土是不是物质？

生　是物质……不是……是的！因为就算我把陶土弄碎，它也还是陶土啊！

师　完全正确！每当你不确定的时候，你就可以这样分析。你可以先问：这种东西是什么做的？等你有了答案，你再继续问：制作这种东西的东西又是什么做的呢？这样一直问到你不能再继续问下去为止，这时候你再问：我要是把它弄碎了，它还是一样的东西吗？如果你的回答是肯定的，那么这种东西就是物质。

生　那物质真是太多了，数都数不清。

师　没错，这世界上的物质，比起你能叫得出名字的那些还要多得多呢！而所有你能叫出名字的和你叫不出名字的物质，都属于化学的研究范围。

生　那我这辈子都学不完化学了，我最好还是不要开始了。

师　你知道这附近的那片树林吗？

生　我知道，随便您把我带到树林里的哪个地方，我都不会迷路。

师　可是你又不认识树林里的每一棵树，你怎么会不迷路呢？

生　因为那些路我都认识呀！

师　这就对啦，我们学习化学也是一样的。我们并不需要认识所有的物质，我们要认识的，只是用来区分无数物质、联系整个化学的"路"。当你认识了所有的主路，你就可以进一步去认识那些小路，到那时候，你会觉得学习化学就和你在森林里漫步一样有趣！

第二课 | 性质

师　你把我上次教你的内容再复述一下。

生　化学是研究一切物质的学科，所有东西都是由物质构成的。

师　你只说对了一半。比如，音乐是由不同声调构成的，那声调算是物质吗？

生　声调当然可以算是构成音乐的一种物质。

师　从抽象的角度来说，这当然是可以的。但是从科学的角度来看，"物质"这个名称仅限于一切有重量的东西。

生　我们为什么要给一个名称加上这种限制呢？

师　这是根据实际需求来决定的。在口语中，我们不会将某个字的意义限定得十分精确，比如你刚刚说过的话就是这样。但是在科学领域，每一句话的意义都不能模糊不清，所以我们必须尽量保证科学语言的精准，不得不把字词的意义加以限制。虽然这些字词的意义被限制了，但它们仍然接近它们在口语中的意思，只不过它们的应用范围会比较明确。所以我们平常所说的物质，大半都是指化学意义上的物质。至于那些没有重量的或是无法称量的东西，就不是化学意义上的物质。现在我把你刚开始说的那句话纠正一下：一切……

生 一切可以称量的东西都是由物质构成的。不过……话是这样说，但物质究竟是什么，我还是不太明白。

师 你这话是什么意思？

生 现在我只知道什么东西可以被称为物质，除此之外，我还是什么都没弄明白，因为我还是不知道物质的本质是什么。

师 这你哪能弄明白呢？我们给某些字词下定义，只是为了给它们划定一个范围，以便应用。就像我们在那片树林周围划出界线，我们只是限定了树林的范围，并没有认识树林本身。等你熟悉了各种物质的性质，你自然就知道它们的本质了，不过这是一个很漫长的过程呢！

生 可即使我知道了一种物质的性质，那我也只是……我该怎么说呢……我也只是了解了它的表面而已，我还是不了解它的本质啊！

师 你还记得物质有哪些性质吗？

生 您是指我们昨天讨论的那些吗？物质的性质有的是不变的，有的是可以改变的。

师 哪一种性质可以用来辨别物质呢？

生 不变的性质。

师 这不就是你想知道的东西吗？不变的性质是不能从物质身上夺走的，否则物质也就不存在了。所以，物质的本质就是性质。

生 可您说的只是它的性质呀，我想问的是，这些性质是建立在什么基础上的呢？

师 照你这样说，如果物质失去了它的性质，它还能有东西剩下对吗？现在假设你把一块糖的所有性质，比如颜色、形状、硬度、重量、味道等，通通去掉，那剩下的是什么呢？

生 我不知道。

师 什么都不会剩，因为我们只能根据一种物质的性质来确认它是否存在，如果它所有的性质都不存在了，那我们对它也就无从说起了。

生　我知道您说得很对，但我可能需要慢慢接受这个观点。

师　等你学了更多的化学之后，你就会知道，我们所讨论的只是物质的性质，而不是你所说的"本质"，到那时你就不会再弄错了。还有，一切问题都是通过认识物质、测定物质的性质而产生的，这个道理如果你现在就弄明白，那就最好了。现在你能列举几种用来辨别物质的性质吗？比如金、银、铜这三种东西，你怎么去区分它们？

生　我会看它们的颜色。银子是白色的，金子是金黄色的，而铜是红色的。

师　那颜色这种性质可以改变吗？

生　我猜应该是不变的。

师　那你为什么不能肯定呢？

生　因为我没有把握。我确定金和银的颜色是不变的，但是古铜好像不是红色的，而是带点暗色，甚至很多时候还带有绿色。

师　你有没有仔细观察过一块变绿的铜？它里里外外都是绿的吗？

生　好像不是……不是，如果把外面那层绿色的东西刮掉，里面的铜还是红色的。

师　对极啦！古铜表面上的那些绿色物质跟铜是不一样的，它没有金属那么强韧，而是像泥土一样疏松。实际上，那是铜的表面形成了另一种绿色的新物质，这种物质把原本红色的铜给遮住了，这就好比窗户的黄色木头被白色的油漆覆盖了一样。

生　那这个绿色的东西到底是怎么跑到铜上面去的呢？

师　其实它是由铜变成的，至于那个过程，以后你就会明白了。现在我们还是来说说颜色的问题吧。颜色是一种不变的性质，我们可以用它来辨别物质。不过我们要注意，不能把物质表面上的另一种东西的颜色当作物质本身的颜色。要想知道一种物质是什么颜色，最好的办法就是把它打碎，让它里面的颜色露出来。现在就让我们来试一试——你看，我这里有一种蓝色的物质，它叫硫酸铜。

生　请您不要打碎它！它的形状多好看啊，就像一块打磨过的宝石！

师　这种形状的东西，我们一般称为晶体。它们的形状并不是打磨而成的，而是自然形成的。

生　那我可以看看它是怎样形成的吗？

师　你不久之后就可以学着自己制作这种晶体了。现在我们不妨牺牲一块硫酸铜来看一看，只要我们能从中学到知识。现在我把它弄碎了，你看一下，蓝色是不是这种物质本身的颜色？

生　对，因为它里里外外都是一样的蓝色。

师　现在我们把它放到瓷乳钵（图1）里，用研磨棒把它磨成粉。

图 1

生　您为什么要费这么大劲呢，我们不是已经知道结果了吗？

师　你仔细看着，每当你得出一个结论时，一定要去验证它是否可靠，否则你怎么会知道自己有没有弄错呢？现在你看到什么了？

生　它里面好像没有外面那么蓝，因为那些碎块的颜色越来越淡了，现在这些粉末变成了淡蓝色，差不多接近白色了。这是怎么回事呢？刚刚没有磨成粉末的时候，那些碎块和原来的一整块都是一样的蓝色啊！难道是乳钵上有什么东西掉进去了？

师　这是不可能的，因为乳钵是一种坚硬的陶瓷，它不会随意脱落。你看，这是一块蓝色的碎玻璃，它这一头的蓝色比之前那块硫酸铜要深得多，但另一头的蓝色却淡得几乎没有颜色，但它们是同一块玻璃。

生　这很简单，因为玻璃这一头比另一头要厚很多。嘿嘿，这下我明白了，小块硫酸铜的颜色淡，和这块玻璃薄的那一头颜色淡是一个道理；而大块硫酸铜的颜色深，也和玻璃厚的那一头颜色深是一个道理。

师　没错，当光线穿过一种蓝色物质时，它在里面会经过许多次反射，它所经过的路程越长，这种物质的蓝色看上去就越深。所以大或厚的东西，颜色要比小或薄的东西深一些。海水呈现出深蓝色或深绿色，浪花和船尾的泡沫像是没有颜色，都是出于这个道理①。因此，我们描述一种物质的颜色时，一定要说明它是粉末状还是块状。我们在化学上所说的物质的颜色，大多指它们由人工造出时所呈现的颜色。关于颜色的问题还有许多东西要讲，不过我们刚刚讨论的内容对于今天来说已经足够了。

---

① 这里的描述不准确。大或厚的东西，并不一定比小或薄的东西颜色更深。比如，铁通常是银色的，铁粉却是黑色的。当太阳光照射在大海上，其中波长较长的红光和橙光被海水所吸收，而蓝光、紫光等波长较短的光则会发生散射，甚至被海水反射回去，因此海水才呈现出蓝色。（此类注释为译注，后同，不再另外标出。——译者）

第三课 | 纯净物与混合物

师　你把昨天学的内容回顾一下。

生　可以通过性质来辨别物质。颜色是物质的性质之一，颜色的深浅要根据物质的大小而定。

师　不错。你认识这块石头吗？它叫花岗岩。你说说看它是什么颜色的？

生　灰色、红色，还有黑色。

师　你为什么会说出好几种颜色呢？

生　因为这块石头里有灰色、红色和黑色的好几种东西，我怎么能只说一种颜色呢？

师　那花岗岩是不是一种物质？

生　当然是呀，用花岗岩制成的东西有好多呢！比如铺路的石子，它再小也还是花岗岩。

师　让我们来看一看。如果你现在把花岗岩打碎成灰色、红色和黑色的小颗粒，然后按颜色分成三堆，那么，这三堆颗粒，你都可以叫它们花岗岩吗？还是说只有其中某一堆才可以叫作花岗岩呢？

生　也许红色的那一堆才能叫花岗岩吧……不对，因为只有这三堆合在一起才能成为花岗岩。

师　完全正确！那如果是一块糖，你也可以这样分析吗？可不可以把糖分成不同的几堆呢？

生　不可以，因为糖都是一样的。

师　没错，这是一种很重要的区别，你一定要记住，这个区别就是：凡是像花岗岩那样，打碎之后可以分成几堆不同颗粒的物质，都叫作混合物。而那些打碎之后不能这样分的，就叫作纯净物。我们在化学上只研究纯净物。

生　为什么只研究纯净物呢？

师　因为如果要研究混合物，那就无穷无尽了。假设你现在有两种纯净物，只要你把它们的比例变一下，就可以配比出无数种混合物了。如果对这些混合物一一加以研究，那什么时候才能研究完呢？

生　可是混合物又不是虚无缥缈的东西，我们不应该对它们置之不理啊！

师　你说得对。但是对于混合物，我们没有必要一一研究，因为如果我们把两种纯净物配成混合物，那么这种混合物的所有性质，都可以根据这两种纯净物的性质推测出来。好比有些颜料，它们是由其他不同颜色的颜料混合而成的，画家调色就是这个道理。所以对于混合物的性质，我们没有必要去特别研究。

生　您能说得再详细一些吗？

师　一个商人，他标明了某种货物每千克的价格，那他就不用再标明500克、10千克或者67千克的价格了，因为这些很容易就能算出来。混合物的性质也是一样，我们可以从它的成分的性质上推算出来，所以没有必要把所有可能的数值都记录下来。对于混合物，我们所要知道的一切问题，都可以从它的成分中推算出来。所以只要知道成分是什么，就可以知道由它们所组成的混合物是怎样的。比如德国的银币，由 90% 的银和 10% 的铜组成，所以它每千克的价值，就等于 900 克银的价值加上 100 克铜的价值。

生　这一点我听懂了，但我怎么能一眼就看出一种东西是不是混合物呢？如果我把颜料盒里的蓝色颜料和黄色颜料混合起来，得到的就是绿色颜料，而不是蓝、黄两种颜料的混合物啊。

师　因为那两种颜料的颗粒太细了，所以我们看不出它是混合物。如果把这两种颜料的混合物放在显微镜下观察，你就能看到黄色颗粒和蓝色颗粒混在一起。但如果是一块蓝色玻璃和一块黄色玻璃叠在一起，它们看上去就是绿色的。因为光线穿过黄、蓝两种颜色时，显现出来的总是绿色。

生　可如果两种物质都是白色的，就算我用显微镜也看不出来，更不知道它们是不是混合物。

师　如果我把一勺糖和一勺沙混在一起，那我可能看不出其中有两种东西。但是如果我把糖倒进水里，它会怎样呢？

生　它会溶在水里，水也会慢慢变得和原来一样清澈，而且会变甜。

师　如果把沙子倒进水里呢？

生　沙子会使水变浑浊。

师　而且水也不会变甜。那么，如果把糖和沙的混合物倒进水里搅拌一下，这种混合物是不是既可以让水变浑又可以让水变甜呢？这样我就能把混在一起的糖和沙子区分开来了。

生　嗯，这个办法可以。

师　为什么可以呢？我给你解释一下。颜色并不是唯一可以用来辨别物质的性质。物质能溶于水也是一种性质。沙子不具备这种性质，虽然它和糖的颜色相近。所以如果要区分许多不同的物质，只了解它们的一两种性质是远远不够的，我们了解得越多越好，这样我们在其他性质相同的情况下至少可以找到一种不同的性质。所以，我们需要对物质的很多性质加以研究。现在，我再问你一个问题。我们之前讨论花岗岩的时候说过，花岗岩的各种成分可以根据颜色来区分，那你觉得我们有什么方法能把沙子和糖分开吗？

生　我觉得是有办法的，不过我不知道具体是什么办法。

师　这里有个玻璃杯，我把沙子和糖的混合物放在里面，加水搅拌。现在沙子已经沉在杯底了，糖也已经溶在水里了。

生　我明白了，我们只要把含糖的水倒掉，留在玻璃杯里的就是沙子了。

师　这样就能把它们完全分开吗？

生　不能，因为水是倒不干净的，只要沙子还是湿的，那剩下的水里就还会有糖。

师　现在，你看我怎样把它们完全分开。我这里有一张圆形的纸，这种纸很特别，我们叫它滤纸，它的吸水性跟吸墨纸很像，不过质地比那种纸更牢固。我把它对折两下，变成一个纸袋的样子，一边是单层的，另一边是三层的。这种东西，我们叫它滤器。现在我把它放入玻璃漏斗中，然后用水浸湿它，使它可以紧紧地贴在漏斗壁上。现在我再把漏斗放在木架上，再放一只玻璃杯在它下面（图2）。

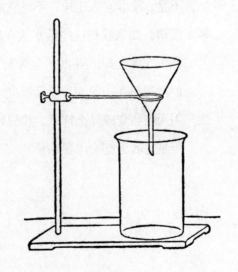

生　这些有什么用呢？

师　它们可以把沙子和糖完全分开。如果我把这种混着沙子的糖水倒在滤纸上，那水就可以流过去，沙子就会留在滤纸上。

生　但是沙子还是湿的呀，那还会有一些糖留在上面吧？

图 2

师　我们下一步就可以把这些糖也滤下去了。我只要在滤纸上加一点儿纯净水，水流过去的时候就会把剩下的糖带走。至于要把残留在玻璃杯里的沙完全倒在滤纸上，我只需要用纯净水把它冲下去就可以了。因为我不能一次性把沙子全部倒出来，所以等滤纸上的水流完之后，我还要再继续涮几次。现在，我们已经做完了试验，等滤纸和沙子干透，我们就可以把沙子和糖完全分开了。

生　那我们怎样才能得到糖呢？

师　我们明天就可以得到。到时候我把滤过来的糖水倒在浅底的碟子里，放在火炉上面。

生　这是干什么？

师　如果我们把水放在火炉上，会发生什么呢？

生　水会变干。

师　是的，水会蒸发，变成水蒸气消散在空气中，碟子里就什么都不会剩下了。糖会发生这种现象吗？糖放在火炉上会变少吗？

生　不会，除非有人吃掉，不然它总是在碟子里。

师　没错，如果我把这些糖水放在温度比较高的地方，水就会蒸发，糖就会留在碟子里。等水完全蒸发了，碟子里就只有糖了。这样一来，我们就把混在一起的沙子和糖完全分开了。

生　明天糖会变成什么样子，我很好奇。现在水还是清的，所以看不见糖，但是它明天就会出现啦！

第四课 | 溶液

生　糖出现了吗?

师　碟子在这里,你来看看。

生　真的,我看见一堆跟糖一样的白色物质,但是它旁边还有一点儿液体。

师　这是剩下的水。因为水里面毕竟溶解了很多糖,所以没有清水那么容易蒸发。

生　可是这些糖并不是原来那种粉末状的糖。

师　是的,现在得到的糖是晶体。这碟子里的晶体小小的,长得也不好看,可是我这里还有其他糖呢,你认识吗?

生　我认识,这是冰糖。

师　对啦,冰糖的制法,就是先把普通的糖溶在水里,然后再让它慢慢结晶。如果糖很多、结晶的速度很慢,我们就能得到很大很好看的晶体了。你仔细观察观察冰糖,是不是每块都是晶体呢?

生　是呢,冰糖每一面都是光滑的平面。难道普通的糖就不是晶体吗?

师　当然是的,不过那些晶体比较小。你拿放大镜去观察一下糖罐子里的糖。

生　看上去和冰糖是一样的。

师　还有那种圆锥形的糖块也是晶体，只是因为它们长得不整齐，所以我们不太容易看出来。其实这些糖，都是从溶液中分离出来的，所以都是晶状的，换句话说，它们都是形状不一的晶体。

生　那溶液蒸发之后，都会得到晶体吗？

师　多数都会。不过要想得到晶体，也不一定要使溶液蒸发，还有很多其他的方法，我现在就做一个实验给你看看。这是我们之前放硫酸铜的那根玻璃管（图3）。如果我加点儿水进去摇晃一下，硫酸铜就会溶解在水里，水就会变蓝。

生　您为什么要在这个小玻璃管里做实验呢？

师　这一点你马上就会明白了。化学家不会用一大堆东西来做实验，所以他们常常要用到这种小玻璃管，他们叫它试管。现在我先点燃酒精灯（图4），再把硫酸铜溶液放在酒精灯上加热。

生　奇怪，这玻璃管居然烧不裂！

师　这种玻璃管，如果我们使用得当，是不会破的。现在你再看，刚才试管里除了蓝色溶液之外，还有一些硫酸铜，现在硫酸铜渐渐溶解，溶液的颜色也越来越深。如果我们继续往里面加一些硫酸铜，即使这些溶液达到沸点，也会有一部分硫酸铜无法溶解。如果我再往里面添水，然后加热，那硫酸铜就会完全溶解。我们先把这些溶液

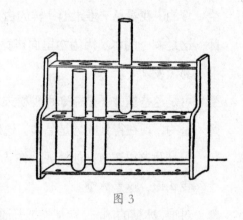

图3

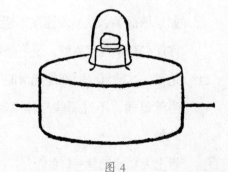

图4

放在一边。

生　试管为什么没裂开呢？玻璃被受热之后很容易就会裂开啊！

师　不一定。制造玻璃时，得先熔化原料；熔化玻璃时，又得把玻璃烧得很热。可见凡是用玻璃制造的东西，最初都要被烧得很热，但是它们并没有破裂。

生　但是我几天前把热茶倒在玻璃杯里，玻璃杯就裂了，我妈妈还责怪我呢！

师　是的。为什么会产生这两种看似矛盾的现象呢？让我们来想办法解释一下。要想玻璃破裂，还有什么方法？

生　砸碎或者折断。

师　是的，也就是说，把不同的力量施加在玻璃的不同位置，让玻璃变成另一种形状。那么加热是不是也可以影响玻璃的形状呢？

生　当然可以，热可以让一切物体膨胀。

师　对啦，一块热的玻璃，要比一块冷的玻璃大，你见过这种情形吗？

生　我没见过，可能是它们的差别太小了吧。

师　我可以让你见识见识。这是一根比较长的玻璃管，我把它横过来，一端夹在一个架子上，在它的另一端放一把尺子。你要记住玻璃管现在在尺子的哪一个刻度。为了让你看得更清楚，我把这根黑色的细针用胶粘在玻璃管的这一端。现在，我用酒精灯加热它（图5），你看见

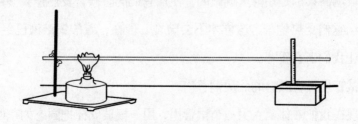

图 5

什么了？

生　悬空的那头先是升高，然后又慢慢降下来了。真奇怪啊！

师　哪里奇怪呢？

生　我还以为针会朝长的那一头跑呢，因为玻璃遇热会膨胀，所以它应该会变长才对啊。

师　可是它却变弯了，而且是向上弯。让我来解释一下吧。

生　等一下，我已经知道了。玻璃管之所以会变弯，是因为它下面比上面先热，所以下面的膨胀程度也会比上面要大。

师　没错，接着，上面也变得一样热，所以玻璃管又变直了。这样看来，玻璃是有韧性的，但是如果我让它变得太多……

生　那它就要断了。

师　现在，你知道玻璃为什么遇热会破了。如果我们让玻璃受热不均匀，它就会变弯；如果弯得太严重，它就会断裂；如果受热均匀，这种情况就不会发生了。你的茶杯之所以会裂开，是因为它外面还是冷的，里面却很热。

生　但是您把试管放到火上去烧的时候，里面也是冷的，它为什么没有破呢？

师　因为试管是用薄玻璃做的，热很快就能传遍整个试管。另外，薄玻璃可以承受的弯曲程度比厚玻璃要大很多。所以，所有需要加热的化学玻璃器具都是用薄玻璃做的。使用它们的时候，我们也会慢慢地加热，让它们受热均匀，这样才不会破裂。现在，硫酸铜溶液已经冷却了，让我们来看看吧。

生　试管里又有固态的硫酸铜了！

师　现在我把液体倒入另一个试管里，用一根玻璃棒把固态的东西扒出来。为了让它变干，我把它放在一张滤纸上，吸掉液体。现在你仔细观察，看到了什么？

生　又是晶体！

师　是的，这些晶体并不是因为水分蒸发而出现的，而是因为溶液冷却而出现的。

生　请您解释一下。

师　如果用一定量的水来溶解硫酸铜，你能让任何分量的硫酸铜都溶解进去吗？

生　不能，慢慢地就不能溶解了。

师　对啦，一定量的水只能溶解一定量的另一种物质。这种溶液，我们叫它饱和溶液。

生　饱和的意思就是它再也吃不下去了！

师　如果你继续加热这种溶液呢？

生　那它又会变饿。

师　对啦，它会继续溶解那种物质。但是等它冷却下来，之前被它额外溶解的物质又会变成晶体析出来。

生　这跟蒸发是一个道理呀！蒸发时，水分跑出去了，就没有什么可以溶解那种物质了，所以物质也不能继续留在溶液里了。

师　对极了，只要超过了饱和溶液里可以溶解的分量，多余的物质就会变成固体分离出来。但是这个结论还需要满足另一个条件，这要放到后面再讲了。哦对了，我忘记问你了，昨天我们学了什么？

生　昨天学的是混合物和纯净物。混合物是由各种不同的物质组成的。

师　怎样分辨混合物？怎样把混合物里的不同物质分离出来呢？

生　根据它们所含有的成分的各种性质来分辨，比如，当这些成分的颜色各不相同时，我们就可以把它们区分出来。还有一个方法就是使其中一种成分溶解在水里，另一种成分就会剩下来了。

师　如果那一种成分不溶于水，这样得到的溶液，到底是混合物还是纯净物呢？

生　混合物。

师　为什么？

生　因为它由各种不同的物质组成，而且可以分离出各种物质。

师　这话不错，那么，溶液是不是像其他混合物一样，与其成分拥有相同的性质呢？

生　是的，硫酸铜溶液和硫酸铜都是蓝色的，而糖水和糖也都是甜的。

师　可是硫酸铜和糖都是固体，它们的溶液却是液体。如果你把一种其他的固体——比如沙——放进水里搅拌，你得到的并不是溶液，而是一种像浆一样的东西。

生　这样说来，溶液有一种和混合物不一样的性质。

师　对，溶液是质地均匀的，介于纯净物和混合物之间。

第五课 | 熔化与凝固

师　回忆一下昨天讲的是什么？

生　昨天讲的是溶液，但是我还没有完全理解。

师　哪里不理解呢？

生　就是某些固体和液体混合后，会变成一种纯粹的液体，这一点我还不太明白。

师　你想想，固体还有别的方法可以变成液体吗？

生　冰雪融化之后会变成液体。

师　这方法仅限于冰雪吗？还是说其他固体也可以融化呢？

生　我想起来了，新年夜里我们熔过锡。

师　任何固体，只要加热，总能熔化成液体，但是这种液体冷却之后……

生　又会变成固体。

师　这么说，我们要想把冰变成水，只需要加热；要想把水变成冰，只需要使它冷却。那么，冰在什么温度下会变成液体呢？

生　在 0 摄氏度的时候。

师　那水在什么温度下会变成冰呢？

生　也是在 0 摄氏度的时候。

师　那如果我们把冰加热到 0 摄氏度，它会立刻变成水吗？

生　我猜是的。

师　你一定是把物理知识忘掉了。现在让我们来做一个实验吧。这里有一个温度计（图 6），是由一根细玻璃管制成的，一头比较细，用来储存水银。因为水银遇热后膨胀程度要比玻璃大得多，所以温度越高，它在玻璃管里升得也越高。水银柱的高低代表了温度的高低，我们可以通过玻璃管上的刻度去观察温度。现在，我把温度计插进这杯碎冰里，过一会儿水银就跑到刻度 0 那里去了。

生　水银为什么会正好跑到那里去呢？

师　因为温度计就是这样设计的。工人在给温度计标记刻度之前，会把温度计插入已经融化了一部分的冰里面，这时候水银在哪个位置，就把刻度 0 放在哪个位置。

生　也就是说这个地方没有热。

师　不对，这个地方只是表示一种叫作"0 摄氏度"的温度罢了。这是我们任意选择的，因为你知道，冬天的温度还可以达到 0 摄氏度以下呢。我们已知的最低温度，甚至可以低到零下 273 摄氏度呢！

图 6

生　那这种选择的根据是什么呢？

师　这一点你马上就会明白的。现在我用手围住杯子，让它变暖，你看看温度计有什么变化？

生　还是 0 摄氏度。

师　现在我把这些放在这房间里的水加进去，你猜水的温度大约有多高？

生　室温差不多在十七八摄氏度，水的温度应该也是这样吧？

师　你看看温度现在是多少。

生　5 摄氏度。

师　水温比较高，所以它的温度也升高了。现在，你轻轻搅拌一下。

生　温度越来越低了，现在在 0 刻度的地方停住不动了。这是为什么呢？房间里比较暖和，温度应该升高才对啊！

师　冰和水混合的时候，温度总是 0 摄氏度。要是你想加一些热水进去让温度升高，那么有一部分冰就会融化，就会把加进去的热消耗掉；反过来，要是你从里面取走一些热，那么有一部分的水就会凝固成冰，就会补偿那一部分你拿走的热量。

生　水凝固的时候会放热吗？

师　当然会，水凝固成冰时放出的热，和冰化成水时消耗的热恰好相等。

生　为什么是相等的呢？

师　假设它们不相等，比如凝固的时候放出的热是 80，而融化的时候消耗的热则只有 60，那么，只要先让水凝结成冰，再让冰融化成水，得到的东西完全一样，却多出了 20 的热。照这样说，只要重复这个步骤，就可以无中生有，凭空得到大量的热。但这明显是不可能的，所以融化的时候所消耗的热和凝固时所放出的热一定是相等的。

生　难道无中生有、凭空得到热是不可能的吗？摩擦不就可以凭空生热吗？

师　但这并不是无中生有啊，因为摩擦时需要做功，做功就不是无中生有了。这个问题我们暂时不去讨论，因为热量究竟是什么，我们如何去衡量它，这些内容我想以后再慢慢跟你解释，现在我们还是回到冰和水的问题上吧。冰水混合物的温度总是一定的，我们为了方便研究，就把它定为 0 摄氏度，这些内容你已经了解了。所以说，冰变成水的时候，也就是冰融化的时候，温度总是一定的。那你猜猜看，是不是每一种物质熔化的时候，温度都是一定的呢？

生　应该是吧。

师 是的,我们有一条定律:任何物质熔化时和凝固时,有一个特定的温度,并且这两种温度总是相等的。所以,任何物质的熔点和凝固点总是特定的。只有在这个温度下,同一物质的固态和液态可以同时存在。在这个温度的基础上继续加热或冷却,只能用于将固态变成液态或者将液态变成固态。所以任何物质的熔点就跟它的颜色和溶解度一样,也是它的一种特有性质。

生 这条定律是谁定的呢?

师 "定律"这个词语在这里只是一个抽象的名词。我们发现物质的性质总是如此,所以把它们比作班上守规矩的好学生。在自然科学中,定律仅仅表示一种适用于大部分事物的普遍规律而已。

生 这种定律多不多呢?

师 太多了,定律有一个好处,它们可以帮助我们节省记忆,减少验证的次数。

生 请您说得详细一点儿。

师 就拿"冰水混合物的温度是一定的"这一定律来说吧。在图灵根制造温度计的工人,既然把冰水混合物的温度定为温度计上的0摄氏度,那他就可以断定,这支温度计无论放在哪个地方的冰水混合物里,温度永远是0摄氏度。如果不这样的话,那他就别想卖温度计了,我们也不能用买来的温度计做实验了。

生 这条定律倒是给制造温度计的工人省了不少事呢!

师 定律并不是一种受人控制的实际存在的东西,所以你应该说,人类发现了冰和水混合在一起时温度总是不变,这才是对的。正是因为这个发现,工人才能造出可以普遍应用的温度计。但是仅仅有了零度,温度计还不能算成功,还得标上其他刻度。

生 这种刻度,是不是相当于尺子上的毫米呢?

师　那可没这么简单！因为不同的温度计，它们的玻璃管以及储存水银的
　　液泡的大小也不一定相同，所以即使加的热量是相等的，水银上升的
　　高度也不一定相同。

生　那倒是。这么说，我们必须把所有温度计用同样的热量加热，然后标
　　出水银的位置，再把这一点跟零点中间的距离，平均分为若干个刻度。

师　对极了，那我们应该加热到多高的温度呢？

生　任何温度。

师　这可不行，这样制造出来的温度计，如果拿到别的地方去，谁知道超
　　出这个刻度所代表的温度是多少呢？

生　那我也不知道该怎么办了。

师　要是我们还知道一个和冰点一样不变的温度就好办了。

生　啊，我知道了！可以用水的沸点。

师　对啦！也就是水沸腾时的温度。这个知识点我们明天再来讲解。

第六课｜蒸发与沸腾

师　昨天我们学了什么?

生　昨天学了冰融化时的温度,不管是水多冰少,还是冰多水少,这个温度总是相同并且不变的。

师　那水凝固成冰的时候呢?

生　水凝固成冰的时候也是这个温度,但是如果水完全凝固之后会怎样呢?

师　这时候就只有冰了,我们想让冰冷到什么温度它就可以冷到什么温度。冰在融化的时候也一样,冰完全融化成水后……

生　那就只有水了,我们想让水热到什么温度它就可以热到什么温度。

师　你的结论下得太快了,其实它并非在任何情形下都是对的。如果只有水,真能想要它热到什么温度它就可以热到什么温度吗? 如果我把一壶水放在火炉上加热,它会怎么样呢?

生　它会变热,然后开始沸腾。

师　对啦,现在我们来做一下这个实验吧。这里有一个用薄玻璃做成的瓶子,它可以放在火上加热,但是不容易破。瓶里是水,现在我把它放在一个三脚架上(图7),三脚架底下放一盏酒精灯。

生　三脚架上的那个铁丝网有什么用呢?

师 我们可以把大瓶小瓶都放在上面，
并让它们受热均匀，让那些厚玻璃
做的瓶子不至于在加热过程中被
烧破。现在，我把温度计插进水
里……

生 水越来越热了！

师 你等着瞧吧！

生 现在水已经开了，水银也上升到刻
度 100 摄氏度的地方了，快要把温
度计的玻璃管填满了。要是水银没
有空间膨胀下去会怎么样呢？

图 7

师 那它就会把温度计撑爆，因为它膨胀所产生的压力是很大的。

生 那您赶紧把酒精灯挪开吧！

师 你先看一看温度计。

生 还是 100 摄氏度。

师 它还会继续停留在这个刻度上很久呢！我把火调大一些，你看见什
么了？

生 水沸腾得更厉害了。

师 那温度计有什么变化吗？

生 还是 100 摄氏度。哈哈，现在我明白了，这跟冰的融化是一个道理！

师 没错！你解释一下这两种相似的情况。冰融化的时候，如果是冰水共
存，那温度就是不变的。那么现在这种情况应该怎么描述呢？

生 这里也有水，但是另一种东西是什么呢？啊我知道了，是水蒸气，对吗？

师 对啦！给水加热有两个目的：第一个目的是让水变热，第二个目的是
让水变成……

生　水蒸气!

师　这种情况也可以倒过来。之前我们说,无论是从冰变成水,还是从水变成冰,温度都是一样的,那么现在……

生　无论是从水变成水蒸气,还是从水蒸气变成水,也是一样的温度。使水变成水蒸气的实验,我们刚刚已经做过了,那第二种实验呢?如果我们要做这种实验,必须让一个装满水蒸气的瓶子冷却才行吧?这好像有点儿难,恐怕要用一个高压锅才行。

师　可以用更简单的方法。你注意看,我把温度计从水里拿出来,让水继续沸腾。现在温度计已经冷下来,在 50 摄氏度的刻度上。现在我再把它放进瓶里面,但不让它接触水,只把它放在离水面不远的地方。你看见了什么?

生　温度计上面有水滴。它是怎么跑上去的呢?我知道了,一定是瓶里的水蒸气遇到冷的温度计就凝结成水珠了。

师　没错!那你看看现在温度是多少?

生　又变成 100 摄氏度了。

师　现在,我们做完了第二种实验,你刚刚还说要用高压锅呢!其实瓶子里的上半部分全是水蒸气,瓶子里冒出的水蒸气和外面形成的水雾可以证明这一点。水蒸气遇到冷的温度计,就凝结成水珠了,所以在瓶子的上半部分是有水和水蒸气两种状态共存的。水蒸气在温度计上的凝结作用会持续下去,直到失去的热量得到补充,温度重新达到 100 摄氏度为止。

生　瓶里的上半部分真的是水蒸气吗?里面明明是透明的呀。

师　是的,水蒸气和空气一样,是透明的。

生　真的吗?我一直以为水蒸气像水雾一样不透明。火车头冒出来的蒸汽不就是白茫茫的一片吗?还有天空中的云,也同样是水蒸气呀!

师 不对，你看到的这些都不是水蒸气，只是水蒸气遇冷凝结成的小水珠。要是可以看到火车头的内部，就能发现里面是透明的，就像空气一样。即使是非常透明的空气，也常常含有大量水蒸气，而云雾则是由水蒸气凝结成的细小水滴形成的。从这里你也可以体会到，这个情况和冰水混合物差不多，水和蒸汽只有在某一特定的温度下才能共存。

生 为什么偏偏这么巧，恰好就是 100 摄氏度呢？

师 这是因为我们把所有温度计在开水中的温度都定为 100 摄氏度。

生 我们为什么会这么设定呢？

师 你还记得我们之前讲温度计的时候说了什么吗？现在工人的温度计上还只有一个点，也就是温度计在冰水混合物中显示的刻度，这个刻度被定为 0 摄氏度。这时还需要一个温度，才能继续在温度计上分出刻度，这个温度就是沸水的温度，这两个温度中间的距离，被平均分成 100 份。温度计底下那个温度是 0 摄氏度，那顶端那个温度一定就是 100 摄氏度了。

生 原来是这样啊，我终于明白了。那更高或是更低的温度应该怎样量呢？

师 只要把 0 摄氏度以下和 100 摄氏度以上的这些空白的地方，也按照之前的方法平均分成若干份就可以了。而温度计里面需要多少水银，取决于我们要量多高的温度。比如，我们要量一个很高的温度，那温度计里的水银就要少一点，让它有膨胀的空间。

生 可是我看我们平常挂在窗口的那种温度计，上面的刻度到了 50 摄氏度就没有了，并没有到 100 摄氏度。那这种刻度是怎样做成的呢？

师 我们先用非常精密的方法，做一支量程为 0 ~ 100 摄氏度的温度计，并把它平均分成 100 份，这样做出的温度计，叫标准温度计。然后，我们再把那支短温度计和这支标准温度计同时放在一个房间或一大盆水里，这时候它们就会得出相同的温度，我们把标准温度计上水银所在的刻度标记在短温度计上水银所在处就可以了。

生　原来是这样，现在我好像没什么问题了——不对，还有一个问题：挂在窗口的温度计上，左边有一个字母 C，右边有一个字母 R，两边的刻度也不一样。

师　在一百多年前①，有一位名叫列奥米尔（列氏）的法国人制造出一种温度计，把冰点跟沸点之间的距离平均分成了 80 份。然后又有一位叫摄尔修斯（摄氏）的瑞典人把冰点和沸点之间的距离平均分成了 100 份。后来列氏温度计在德国通用，而摄氏温度计则在法国通用。现在我们使用的大多是摄氏温度计，在科学领域我们也只用摄氏温度计。你能说说列氏温标和摄氏温标的关系吗？

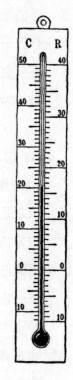

生　100 摄氏度等于 80 列氏度。

师　说得再简单点儿。

生　10 摄氏度等于 8 列氏度，5 摄氏度等于 4 列氏度。

师　没错，你可以把这个规律写成一个公式：如果我们用 C 表示摄氏度，用 R 表示列氏度，就可以得到 $C : R = 5 : 4$，所以 $C = \dfrac{5R}{4}$，$R = \dfrac{4C}{5}$。如果要把列氏度转化为摄氏度，可以用第一个公式；如果要把摄氏度转化为列氏度，可以用第二个公式。你看这个温度计是不是对的（图 8）？

生　没错，20 摄氏度相当于 16 列氏度。

图 8

---

① 下文中的列奥米尔在 18 世纪发明了列氏温标。本书作者奥斯特瓦尔德生活在 20 世纪，所以他说"在一百多年前"。

第七课｜计量单位

师　我们昨天学了什么内容？

生　学的是怎样制造温度计。

师　没错。温度计属于测量仪器，所以今天我们要来学习计量单位。你说说看，都有什么东西可以测量？

生　有很多啊，比如长度、质量、面积，可能所有东西都是可以测量的吧。

师　并不是所有东西都可以测量，不过可以测量的东西确实有很多。那你说说，测量需要用到什么？

生　要用一种统一的制度？

师　什么是统一的制度呢？

生　这我也说不清楚，因为这个制度要根据我们测量的具体对象而定。

师　那你可以举个例子吗？

生　比如我们要量桌子的长度，就可以用厘米去测量。

师　我这儿有一把尺子，你用它量量桌子的长度。

生　这把尺子长 50 厘米，因为它末端的刻度是 50 厘米。我把刻度 0 这一端放在桌子的这一头，同时在 50 厘米的刻度处标个记号，再把刻度 0 这一端移到记号那里，在 50 厘米的刻度处再做一个记号。最后，我再把尺子移到第二个记号这里，这时尺子另一端已经伸到桌子外面去了，我只需要看看桌子的尽头对应着哪个刻度——现在它指在 22 厘米这里，所以桌子的长度是 50+50+22=122 厘米。

师　很好，你刚刚是以厘米为单位，把长度一直加到与桌子的长度相等。这把尺子的作用就是帮你减少了把每一厘米加起来的工作量。

生　是的。

师　那称重量的时候你会怎么做呢？

生　把要称的东西放在一个秤盘里，把砝码放在另一个秤盘里，一直加砝码，直到两边相等为止。

师　那你怎么表示这个物体的质量呢？

生　每个砝码上都标注了克数，我只要把那些克数加起来就可以了。

师　你看，这个办法和刚才是一样的。你把克数一直加到与称量对象的质量相等就可以了，砝码的作用就是帮你减少了把每一克都加起来的工作量。

生　还真是，我之前都没有发现这两种情况这么相似呢！

师　很快你就会知道，所有的测量方法在根本上都是相同的。现在我再问你一个问题：你为什么不用克去量长短，又为什么不用厘米去称质量呢？

生　这肯定不行啊。

师　为什么不行呢？

生　我就算把再多的厘米加起来，也算不出质量啊。

师　没错，那你可以把这个道理概括出来吗？

生　物体的长短只能用长度来衡量，物体的轻重只能用质量来衡量。

师　没错，但我们还可以说得更准确一些，任何量都只能用跟它同一性质的量去衡量。

生　这一点我明白。

师　你刚才用厘米来表示长度，那是不是只能用厘米来表示物体的长度呢？

生　不是，还有毫米、千米、英寸、英里等，太多太多啦！

师　那它们有什么区别呢？

生　比如 1 厘米的长短和 1 英寸的长短就不一样。

师　是的。厘米、英寸、英里等，它们的长度都是确定的，我们把它们称作长度单位。我们测量任何物体的结果，都由我们所使用的单位和测量的数值共同组成。

生　为什么同一性质的量却有很多不同的单位呢？比如长度。

师　因为单位是人类任意选定的。最初，每一个人需要用到长度单位的时候，就各自选择了一种，没有考虑其他人用的长度单位是什么，所以后来就有了各种不同的单位。到了 18 世纪，法国政府率先废弃了旧的单位制度，用一种新的单位制度取而代之。为了让这种新的单位制度能够永久使用，于是他们以地球作为参考标准，把子午线的 $\frac{1}{4}$（图 9 中的 AN 段）分成一千万份，以每一份的长短作为长度单位，也就是现在所说的 1 米（Meter）。1 厘米等于 1 米的 $\frac{1}{100}$，也可以说，1 厘米等于子午线的 $\frac{1}{4000000000}$。

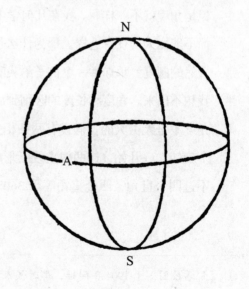

图 9

生　可是我们都没有去过北极①，怎么做到把子午线分成很多份呢？

师　其实我们所测量的只是子午线的一部分，它在整根子午线中所占的比例，可以通过它的两根垂线所形成的夹角来计算。不过后来人们发现，这个方法还不如用两把米尺相互比较来得精确。所以，我们现在所说的 1 米，实际上等于一把现存于巴黎的铂铱合金米尺的长度。

生　要是这把尺子丢了或者损坏了怎么办？

师　人们早就想到了这一点，所以又做了二十把一样的尺子，分别收藏在柏林、彼得斯堡、罗马和华盛顿等地。这些尺子的长度都经过了精确的比较，即便其中一把丢失了，米尺的单位也不会随之消失。此外，还有很多用其他材质制成的尺子也和它们进行过比较，所以只要人类还存在，米尺单位是永远不会消失的。

生　但米尺毕竟是我们人类选择的一种制度，我们当初为什么不选一种和人类无关的制度呢？

师　因为世界上不存在与人类无关的制度。

生　但是角度就不一样啊。我在几何学中学到过，直角是一种天然的制度，而不能由人类任意选择。那为什么长度就不是这样呢？

师　天然的制度？那你举一个例子给我听听？

生　我想不出来。角度和长度的区别到底在哪里呢？

师　角度不是无穷大的。假设有两条相交的直线，使其中一条直线在交点上旋转，一开始，这两根直线所形成的角度会变大，但是它再大也大不过四个直角，四个直角等于 360°，实际上就是 0° 了，继续旋转下

---

① 《化学校园》于 1904 年问世，那时候人类还未到达北极，直到 1909 年，美国探险家罗伯特·皮尔成为世界上第一个到达北极的人。

去，它们的角度又会跟之前一样。所以，我们能得到的最大角度是一定的，而不是无穷大，这个角度就属于天然单位。但是长度不是这样的，长度可以无穷大。

生 照这么说，只要是可以达到无穷大的东西，都不能有天然单位了吗？

师 是的，你很快就会理解，这一类单位都是由人类选择的。证明这一点最有力的证据，就是还没有人能为这些量找到一种天然的单位。现在，我们还是回到米尺的问题。只用一种单位衡量所有物体的长度显然是很不方便的，比如桌子的长短，你可以用厘米来衡量，但是如果你用厘米去衡量一座山的高度或是一条河的长度，那量出来的数值就会很大，所以在这种情况下我们会使用更大的长度单位。

生 这个我知道，可以用米或千米。

师 没错，人类非常善于使用不同的单位，但是这些单位之间的关系是很复杂的，所以当我们采用单位米的时候，就决定了我们要使用十进制的计量单位。

生 为什么只能用十进制的计量单位呢？

师 因为这样能使计算变得更简单，当我们需要把甲单位转换为乙单位或把乙单位转换为丙单位时，只需要在数字后面加几个 0，或者把小数点的位置移动一下就行了。所以我们可以得出 1 千米 =1000 米，1 米 =10 分米 =100 厘米 =1000 毫米。

生 Kilo 是什么意思呢？

师 Kilo 在希腊语中表示一千。在很久以前，人们就约定用希腊文中的 Deka、Hekto、Kilo 表示任何单位的倍数，而用拉丁文中的 Dezi、Zenti、Milli 表示任何单位的分数。

生 原来是这样啊，那我知道 Kilogramm（千克）和 Milligramm（毫克）是什么意思了。

师　没错，质量的单位是克，1 克等于 1 立方厘米的水在 4 摄氏度时的重量，所以克其实是从厘米转化而来的，由克又得到它的位数十克、百克、千克等。我们常用的单位是千克，1 千克约等于 2 磅。在克的分数中，分克和厘克很少用到，比较常用的是毫克（Milligramm），即 $\dfrac{1}{1000}$ 克。

生　可是我记得地理老师曾经说过，同一物体的重量是可以改变的，这和地心引力有关系，因为地球是椭圆形的，所以物体在两极时离地心最近，在赤道时离地心最远。

师　没错，但是你还得补充一句：地心引力是随着地心距离的远近而变化的。除了地心引力，还有离心力也得计算进去，离心力的作用跟地心引力是完全相反的——赤道上离心力最大。

生　我的意思是，既然砝码的重量也是可以改变的，那我们怎么能拿它来衡量物体的重量呢？如果我在这里称了 1 千克沙子，又把这堆沙子搬到一座山上去称，那它的重量应该会比它在山下的时候更轻啊。

师　你在山顶上称的时候，加的砝码和你在山下加的是一样的。

生　可是我之前学过……

师　在山上，沙子会变轻，砝码也一样会变轻啊，它们的比例是固定的。说得简单点儿，一切物体的重量所发生的变化都是成比例的。

生　这是什么意思……我明白了，在山上，虽然沙子变轻了，但是砝码也跟着变轻了，但是我们怎么证明这是否正确呢？

师　我们不用重量，而用一种与重量无关的方法去量就可以了。有一种弹簧秤里面有一根有弹性的金属发条，它可以代替砝码的功能。如果你在山顶上用这种秤称东西，那你称出来的重量就会比在山下的时候少。当然最精密的方法还是摆钟，地心引力越大，摆钟就会摆得越快。

生　这之间到底有什么联系呢？

师 这一点你在物理课上就会讲到，现在我们还是回到我们的主要问题上。我之前说过，我们买东西的时候，并不是为了买它的重量，而是依据重量去买。你说说看，我们为什么要买面包？

生 为了吃。

师 你是为了要增加体重而去吃它吗？

生 哈哈，当然不是！是因为它好吃，而且可以让我长力气，所以我才吃的。

师 后者更重要。比如煤，我们也不是为了它的重量才买，而是为了用它来生火或做些别的事情。

生 这么说，重量到底有什么用呢？

师 那我问你，你是喜欢一个小的奶油面包呢，还是喜欢一个大的奶油面包？

生 当然是更喜欢大的呀！

师 为什么？

生 因为大的面包更多，小的可能吃不饱呢！

师 那大面包和小面包谁比较重呢？

生 当然是大的重。

师 现在你知道重量的作用了吧？我们买东西是为了获得它们的功能，而它们的功能是随着重量的大小而增减的。面包让你饱腹的能力和它的重量成正比；同样，煤的重量越大，产生的热量就越多。不仅在工业方面和经济方面是这样，科学上的许多问题也是这样。比如天平之所以可以成为一种非常重要的化学仪器，就是因为它可以衡量出和重量有关的东西，至于重量本身是多少，其实是不重要的。

生 这么说，重量就像是书籍的纸张，纸本身没有什么特别的价值，但是因为上面印了字，才变成很有价值的东西。

师 这个比喻虽然不准确，但用在这里也算恰当。不过我们还是找几个浅显的例子来说说吧。你知道，液体可以按照体积和重量两种方式来卖，比如酒和啤酒，就是按照体积来卖的；而煤油既可以按照体积又可以按照重量来卖；但是硫酸呢，就只能按重量来卖了。

生　这是为什么呢？

师　这跟习惯和便利性有关。因为测量液体的体积要比称重方便多了，而且量体积的器具制作起来也比称重的天平更加简单，所以我们更喜欢采用测量体积的方法。但硫酸是一种危险液体，不便倒来倒去，所以我们会用秤来称量。不管用哪种方法，结果都是一样的，因为同一物质的体积和重量的关系是不变的，所以液体的功效和它的体积、重量也是成比例的。对于买方来说，煤油的体积和重量并不重要，他们关心的是煤油能带来多少光亮或热量，这个光亮和热量的多少也是随着煤油的体积或重量变化的。所以，只要知道煤油的体积或重量，就可以知道它能产生多少光亮或热量了——你知道液体的体积单位是什么吗？

生　升。

师　你只答对了一半。容积单位其实是从长度单位转化而来的，所以应该是 1 立方米。但是这个单位在很多情形下显得太大了，所以我们选择了另一种更加符合使用习惯的单位，这个单位等于一个边长为 0.1 米的正方体的容积，即 $\frac{1}{1000}$ 立方米，也就是 1 立方分米，我们一般称之为"升"。

生　您刚刚说 1 立方分米只有 1 立方米的 $\frac{1}{1000}$，不对吧？因为 1 分米是 1 米的 $\frac{1}{10}$ 呀！

师　你再仔细想想。

生　哦……我刚刚没想清楚，算错了。体积是按立方来计算的，10 的立方等于 1000。

师　这就对啦！除了升以外，还有一种是它 $\frac{1}{1000}$ 的单位，你猜猜这个正方体是多大？

生　这回我肯定不会算错！它的边长应该是 1 分米的 $\frac{1}{10}$，$\frac{1}{10}$ 分米也就是 $\frac{1}{100}$ 米，也就是 1 厘米。

师　所以这个正方体的体积是 1 立方厘米。现在，你按照这个规则列出一个公式给我看看。

生　1 立方米 =1000 升，1 升 =1000 立方厘米。

师　没错，关于计量单位这个话题，虽然还有很多可以讲，但是今天我们就到此为止吧。

第八课 | 密度

师　你说说看，1克铅和1克羽毛，哪个更轻一些?

生　我可不会上当! 这两种东西当然是一样重!

师　那铅和羽毛谁轻一些呢?

生　嗯……按理说应该是羽毛轻一些。

师　那么，这其中好像就有些矛盾了。这个矛盾源自轻重二字在日常生活中有两种不同的含义。我们常说铅比羽毛重，这里的意思是说，用手抓一把铅肯定比抓一把羽毛要重，严谨一点儿说，就是同体积的铅和同体积的羽毛相比，铅要更重一些。还有我们常说木头比铁轻，也是一样的意思，因为一块木头往往可以比一块铁重或比一块铁轻，这完全取决于我们的意思。

生　这我懂。

师　但是在科学上，我们不能说这种模棱两可的话。铁比木头重或铅比羽毛重的这个性质，我们称之为密度。所以我们可以说，铁的密度比木头大，铅的密度比羽毛大。根据这一点，你猜猜看，密度跟什么因素有关?

生　与物质的质量和体积有关。

师 没错。当体积相同时，质量越大则密度越大；当质量相同时，体积越大则密度越小。所以，密度跟质量成正比、跟体积成反比。如果我们用 m 表示重量，V 表示体积，那么，密度 ρ 可以用公式表示为：$\rho = \dfrac{m}{V}$。

生 这个公式有什么用呢？

师 可以用来计算密度。比如，水的密度是多少？

生 这要看它的质量跟体积才能知道。

师 不对，水的密度和它的体积、质量没有关系。我们为了方便，把质量的单位定为克，把体积的单位定为立方厘米。现在，我们随便拿多少水来举例，比如 1 升水，它的质量是多少呢？

生 1 升水有 1 千克。

师 如果用立方厘米作为单位，它的体积是多少呢？

生 1 升等于 1000 立方厘米。

师 那就是说，m 跟 V 都等于 1000；那 ρ 是多大呢？

生 1000 除以 1000 等于 ρ，等于 $1g/cm^3$[①]。

师 如果只有 20 立方厘米的水，你再算算看。

生 20 除以 20 等于 1，密度还是 $1g/cm^3$。哦，水的体积随着质量增减，质量也随着体积增减，所以不论是多少水，体积和质量的商都是相同的。

师 看来你已经完全理解了。这里有一块正方体的铅，它的密度是多少呢？

生 那我得先称一下——我可以自己称吗？它的质量是 38.84 克。然后，还得知道它的体积，这该怎么量呢？

---

① 此单位为译者所加。

师　因为它是正方体的，所以你只要知道任何一条边长就行了。这里有一把尺子。

生　这边有 15 毫米长，那么它的体积是 15^3＝3375。

师　3375 什么？

生　3375 立方毫米。对了，我应该把体积转换为立方厘米。这次我肯定不会弄错，它的体积是 3.375 立方厘米。

师　没错，这样的话，算出来密度是多少？

生　38.84÷3.375＝11.51g/cm³。

师　所以，这个立方体的密度就是 11.51g/cm³，我也可以说铅的密度是 11.51g/cm³，因为即使我拿其他任何形状的铅块做实验，得到的也一定是这个数据。至于为什么会这样，你说给我听听。

生　我相信我们可以得到一个差不多的数据，但是您要说和 11.51g/cm³ 丝毫不差，那我不太相信。

师　那你肯定是把我以前跟你讲的关于性质的知识忘记了。密度也是一种性质，所以不管物质的形状变成什么样，只要是用同一物质求得的密度，肯定都是相等的。普通的铅很少有杂质，它是一种很纯粹的物质，所以不管什么形状的铅，它的性质总是一样的。

生　可是物体遇热都会膨胀，所以铅的体积在热的时候比冷的时候要大呀！

师　没错，那质量也会跟着改变吗？

生　应该不会。

师　质量跟温度是完全没有关系的。所以温度越高，铅的密度也越小。因为分子没有变，分母变大，所以密度变小了。

生　那密度就不是一种固定的性质了。

师　不，它是一种固定的性质，因为在任何温度下，它都有特定的数值，不但铅是这样，其他物质也是这样。即使是水，它的体积也会随着温度变化而变化。所以我们把温度定为 4 摄氏度，1 立方厘米的水要处于这个温度之下，它的重量才是 1 克。

生 为什么要定为 4 摄氏度呢？

师 因为在 4 摄氏度的时候，水的密度最大而体积最小。

生 我突然想到一个问题，如果物体的形状不是立方形，那它们的密度该怎么计算呢？

师 这个问题提得很好！只有极少数的物质才能变成立方形。你看，这是一个玻璃管，上面的刻度可以精确到 $\frac{1}{10}$ 立方厘米。现在我把水倒进去，你看看倒进去的水有多少？我看到的是 5.33 立方厘米。

生 您得到的数字在小数点后两位，但管子上的刻度只能读到小数点后一位啊。

师 我们经常做化学实验的人都有这个本事。水位线总是会处在两个刻度之间，而不是正好对准刻度线，这时候我们只要用肉眼观察一下，把这两个刻度间的距离大约分成十等份，看水位大概在什么位置，就可以得出小数点后两位了。

生 我可能做不到。

师 这不难，以后你可以多练习，现在我们还是继续做实验吧。这是一杯细铅粒，你把它连杯子一起称一称。

生 43.58 克。

师 现在我把一部分细铅粒倒进玻璃管里，你再称一称这个杯子。

生 28.42 克。

师 那么我倒进去的细铅粒有多重呢？

生 43.58−28.42=15.16 克。

师 我们再来看看玻璃管里的水位，现在是 6.66 立方厘米，比刚才多了 1.33 立方厘米。根据这些数据，我们可以得出什么结论呢？

生　哈哈，我知道了，水升高的体积其实就是铅粒的体积，所以铅粒的质量是 15.16 克，体积是 1.33 立方厘米，密度大约是 11.40g/cm³，这和刚才得出的数据差不多，但是并不完全相等。

师　这是因为你刚才没有量得很精确。你之前量出来的边长是 15 毫米，现在你再重新量一量。

生　还真是，其实不到 15 毫米呢。

师　其他的边你也量量看!

生　它们并不都是相等的。

师　你看，因为你之前用的方法不精确，所以你得到的结果也不完全正确。要量得非常精确是很难的，所以我们刚刚求得的数据算是比较满意的结果。现在我把天平和量器都给你，等会儿你可以算一算很多物质的密度，不过一定要记得去掉液体里的气泡，不然你算出来的体积会偏大，而密度会偏小。

生　好，我希望我能好好地做出一张表来，现在您需要我量些什么呢?

师　你可以量一量那一套矿物标本里的东西。现在我们再讲另一个问题——液体是不是也有一定的密度呢?

生　我猜是有的，没错，水的密度不就是 1g/cm³ 吗?

师　对啦，那你再仔细想想，我们应该怎样去确定液体的密度呢?

生　我们首先得测量它的体积和质量。啊，我知道了! 我们只要把它倒进一个量杯里，就能知道它的体积了。

师　那重量怎样确定呢?

生　可以和测量铅球的质量用一样的方法。我先把杯子称好，然后把液体倒进去再称一次，就可以知道液体的质量了。

师　这样也可以，不过还有更简单的方法。你可以固定使用一种量杯，称出这个量杯的质量，之后每次就只要将液体和杯子的总质量减去量杯的质量就行了。

生　这样我就不用每次都称杯子了。

师　如果你把每次称的液体的体积都规定好，那会更加省事。这个方法不
能用于固体，但是完全可以用于液体，因为液体可以填满杯子里的每
一个空间。比如你每次只倒1立方厘米的液体在量杯里，称好它的质量，
那么密度的公式会发生什么变化呢？

生　那就是 $\rho = m \div 1$，也就是密度等于质量，$\rho = m$。

师　你看，这样你都不用算除法了。因此我们也常说密度等于体积
质量。这个说法虽然没错，但还是太狭隘了，所以我之
前没有跟你讲过。

生　我刚才试了一下，要想正好在量杯里倒入 1 立方厘米的
水，还是很困难的，不是倒多了就是倒少了。

师　你可以先多倒点儿进去，然后再用一张吸墨纸把多余的
水吸走。吸墨纸吸入的水量比较少，所以你很容易就能
得到你想要的水量。

生　这是个好办法。

师　如果你会用这种叫移液管的东西（图 10）那就更方便了。
移液管的称呼来自法语，原意指烟斗。我们在一头用嘴
吸的时候①，必须把另一头放入液体中，直到液体超过
移液管上半段的标记。这时你得赶紧用食指塞住顶端的
孔，然后将末端靠着容器壁。现在，你只要稍稍松开

图 10

---

① 为了我们的安全，在使用移液管时，千万不能用嘴吸，可以借助洗耳球等工具
来吸取液体。

食指，让液体流到标记处就可以了。

生　但是要想知道质量，还得把液体倒入另一个容器里称才行吧？

师　不用，因为移液管也可以放在天平上，只要你把它放平，液体就不会
流出来。如果你事先已经把移液管的质量称好了，那你只需要减掉它，
就可以知道每立方厘米的质量或密度了。还有一个更简单的方法，就
是用一根金属丝做成和移液管质量相等的砝码，按照商业中的习惯叫
法，这种砝码就是移液管的毛重，其余加上去的质量就等于密度了。

生　我一定要试试这个方法。

师　这样一来，你就可以用各种液体做实验了，比如酒精、盐溶液等，然
后你就会发现酒精的密度比水小，盐溶液的密度比水大。

生　那我还可以做一张液体密度表呢！

师　现在，你知道怎么算固体和液体的密度了，那气体呢？

生　气体的质量和体积应该也可以测量吧？

师　那当然，但是量气体的方法可没那么简单。第一，空气的质量是很轻
的，1升空气也只有约1克；第二，气体的体积在压力或温度稍有变
化时，也会产生明显的变化。所以同一气体的密度在不同的压力和温
度下也会完全不同。

生　固体和液体也存在这种情况。

师　但是固体和液体发生的变化很小。

生　那我们怎样测量气体呢？

师　这很麻烦，以后你就会知道了。现在我只能先告诉你，我们限定了测
量气体时的温度和压力，这样它们的影响就十分有限了。

生　真没想到测量居然这么复杂！

第九课｜物态

师 你昨天学过的东西，我不再帮你回顾了，因为其中有一大半你在别的科目里已经学过了。但是，我们要回忆一下前些天所提到的问题：你知道水有两种特性，那么，水沸腾时和冰融化时有什么规律？

生 沸腾和融化只有在一定的温度条件下才会发生。

师 对啦。但这种性质不是专属于水，而是每一种物质都具备的。

生 真的是所有物质都具备吗？

师 是的，只要物质是实在的、纯粹的，就会具备这种性质。不过溶液的凝固点和沸点倒是会变化的。

生 为什么溶液的凝固点和沸点会变化呢？

师 溶液沸腾时的温度并不是恒定的，而是随着水蒸气的变化而变化，产生的水蒸气越多，温度就越高。溶液凝固的时候也是如此：溶液在凝固过程中温度并不是不变的，而是随着凝固部分的变化而变化，凝固的部分越多，温度就越低。

生 这种现象我们可以观察到吗？

师 这个我们以后再学，现在我们还是继续讨论纯粹物质吧。水可以转变为固态的冰和气态的水蒸气，这一点你已经知道了，那你知道这些不同的情形的总称是什么吗?

生 我知道,它们叫聚集态(Aggregatzustand)。

师 没错,这是概括的名称,那它表示什么意思呢?

生 Aggregat 有聚集的意思,不过这跟液体和气体有什么关系我就不知道了。

师 很早以前,人们认为一切物体都是由许多微小粒子按照不同的方式聚集而成的,所以就有了这个名词。这些微小粒子,我们现在叫它们分子。正因为分子之间的距离往往不同,所以才有了固体、液体和气体。

生 您能跟我讲讲固体、液体、气体是怎样由分子构成的吗?

师 这个问题我们现在不用急着讨论,我提出来只是为了给你解释"聚集态"这个名词的由来。我们还是直接来观察一下聚集态是怎么回事吧,不过我现在要用"物态"来代替"聚集态"这个名词。

生 "物态"这个名词到底要怎样解释呢?

师 这个词可以把物体形态中最重要的区别表现出来。固体在形状方面有什么性质?

生 我不知道……我们可以打碎它、切开它,或者掰弯它。

师 如果我们不去碰它呢?

生 那它的形状就不会变。

师 没错,你有没有想过这一点很重要?

生 我倒不觉得很重要。不过在生活中,如果我们要把一大块糖打碎,还是挺费劲的。

师 你想想看,如果这座房子的石头和房梁的形状是可以自己变化的,那这房子不是随时都有可能倒塌吗?那我们所有的实验器材不是都不能用了吗?如果刀片的形状不能保持不变,那你还怎么用它切东西呢?如果牛奶瓶的形状可以自行改变,那你还怎么用它盛牛奶呢?

生　还真是，现在我明白了，如果是这样那整个世界都要完蛋了。

师　看来你已经慢慢理解了。那么，一切物质都可以保持自己的形状不变吗？比如说水，水是怎样的？

生　水的形状并不是不变的，因为水可以倒进任何容器里。

师　这种性质是水特有的吗？

生　不是，所有液体都有这种性质。我现在可以看出明显的区别了，不过，为什么只有固体才能保持自身的形状不变呢？

师　你这个问题问得可不太聪明。你是怎么知道一个东西是固体的？

生　我会用手去摸。

师　这就证明它的形状是不变的。我们所说的固态，不过是表明这个物质可以保持自己的形状不变而已。

生　那总得有一个原因吧？

师　我不懂你说的是什么意思。

生　比如说这块银子，它为什么不是液体呢？

师　要是你把它加热到一定的程度，它也会熔化成液体。我这里有一根细银丝，如果我把它放进火里，它就会变成液体，在末端熔成一个小球，现在，这个小球掉下来了。

生　原来是这样啊！

师　物质是固态还是液态，是由温度决定的。温度在熔点以下，物质就是固态的；温度在熔点以上，物质就是液态的。

生　所有物质都是这样吗？

师　是的。

生　照这样说，任何液体冷却之后都可以变成固体，任何固体加热之后都可以变成液体。

师　没错，但是有些液体的凝固点很低，而有些固体的熔点很高。我们知道的就有好多种不同的熔点和凝固点呢！

生 那是什么造成了这些差异呢？

师 你这个问题还是不太聪明！你要是这么问也还算好：这些温度和什么有关系呢？你刚刚等于在问我：世界上为什么会有骆驼呢？但是我们只能问骆驼有什么特点，或者它跟别的动物有什么区别。熔点也是一种自然现象，它和别的现象有着千丝万缕的联系。

生 都有什么联系呢？

师 在你还不知道其他性质之前我就回答你，你肯定也听不懂。

生 那倒是。这么说，我们要先去了解一些不同的性质，然后才能了解它们之间的联系。

师 没错，所以我们的首要任务就是把事实搜集记录下来，然后用比较观察的方法来找出它们的相同点——自然律就是这样发现的。

生 我一直以为聪明人可以自然而然就发现自然律呢！

师 那样是发现不了什么的。你仔细想想：自然律告诉我们的只是某几种东西之间的联系，我们要想弄明白这些联系，就必须要先把这些东西的性质弄清楚。如果没有把性质弄清楚，那就没有办法去了解其中的联系。

生 话是这么说，但是这样一来，岂不是每个人都能发现自然律？

师 只要他们能把前人没研究透彻的东西研究明白，当然是可以的。不过这可不简单，因为比较浅显的东西差不多都有人研究过了；要想找到一个前人还未研究的东西，一定要有非常丰富的学识才行，这不是一件简单事。如果你到了北极，你就能发现北极，但难点并不在于发现它，而在于你怎样才能到达北极。

生 那我要努力学习了，说不定我将来也能有重大发现呢！

师 那当然，好好学习，肯定是有希望的；现在我们还是回到眼前的问题吧。

物态的含义你现在理解了吗？

生　理解了。固体有形状，而液体没有形状。

师　基本正确，那气体呢？

生　气体也没有形状。

师　那它跟液体有什么区别呢？

生　气体比液体轻，还比液体稀疏。

师　没错，但还不够准确。如果我把液体倒进一个空容器里，那它只能按照自己的体积填满容器的一部分。如果我把气体输进一个空容器里，它会怎么样呢？

生　不知道，我看不见气体呀！

师　那我告诉你，无论有多少气体，它总能填满那个容器。

生　真奇怪！怎么会这样呢？

师　一个容量固定的容器，最多只能装下和它容量相同的液体。如果我们少放一点儿液体……

生　那容器就会有一部分空着。

师　没错，如果你想倒入超过容器容量的液体那就不行了，因为液体的压缩性是很弱的，但是气体就不一样了，如果你把很多气体输入一个容器里，即使超过容器容量，气体也是能放进去的。

生　随随便便就可以办得到吗？

师　那倒不是，需要加压才行。比如你给自行车轮胎打气，越到后面越费力。现在，关于液体与气体的区别我们需要着重了解的是：液体的形状虽然不是固定的，但是它的体积是一定的，不会随着形状的改变而改变。比如 1 升煤油，不论把它放进桶里、盆里还是其他容器里，它都是 1 升，不会变多也不会变少。

生　那气体呢？

师　气体既没有固定的形状，也没有一定的体积，只要你把气体放进一个容器，它就会把整个容器填满。

生　照您这样说，物态这个名词就不适用于气体了。

师　谁说不适用！液体的形状根据容器的形状而变化，但最多只能到达液体容器的沿口，但气体的形状和容器的形状则可以完全一样，因为气体充满了容器。

生　也就是说，物态就是用来表明物体是怎样形成自己的形状的。

师　你这样理解也行。

第十课 | 燃烧

师 现在，你对那三种物态已经了解得比较清楚了，那你对于我们为什么要认识多数物质的三态，应该有一个比较完整的认识了吧。

生 为什么我们不能认识所有物质的三态呢？

师 因为有些物质的熔点或沸点太高，还有些物质的凝固点太低，我们没办法达到那种温度。

生 有一个问题我想了很久：从一种物态转变为另一种物态，这个过程是化学作用还是物理作用呢？

师 这种分类在以前是比较随意的，以前我们认为，物质在发生化学作用时，其性质多半会产生变化，这样的话，我们就要把物态变化视为化学作用了。

生 可是熔化和沸腾在物理课中也讲过，这两种现象难道不应该属于物理学范畴吗？

师 冰化成水，和水结成冰是一样简单的。但在化学变化中，这种互为相反的作用只有其中一种比较容易实现，另一种则很困难。由于这个区别，我们从前不把物态变化看作化学作用。

生 您说从前，难道现在不一样了吗？

师　现在，我们知道，在一般的化学作用中，有许多都可以从相反两个方向去进行，而且它们遵从的规律也和物态变化一样。让我们回到那些我们普遍认为是化学变化的现象上去。比如，你有没有仔细观察过蜡烛燃烧的情形？观察过？那你说说你观察到了什么？

生　如果我们点燃一支蜡烛，它就会一直燃烧，直到烧完为止。当它燃烧时，它会有又亮又热的火苗。

师　对，那燃烧必须具备什么条件呢？

生　蜡烛！

师　除了蜡烛呢？

生　那我好像想不到还需要什么了。

师　如果我把正在燃烧的蜡烛放进水里……

生　那它就会灭掉。

师　这是为什么？放入水里和刚才有什么不同？

生　放入水里它就没有空气了。

师　没错，这么说，燃烧必须要有蜡烛和空气这两样东西。现在，我做个实验给你看看，一支蜡烛和空气一起放入水里，蜡烛还会继续燃烧。我把一块木板放进这只大杯子里，让它浮在水面上，然后把一支点着的蜡烛放在木板上，再倒着放一个玻璃杯，把蜡烛和木板罩起来。现在我让它沉到水里去，你看，蜡烛还在继续燃烧（图11）。

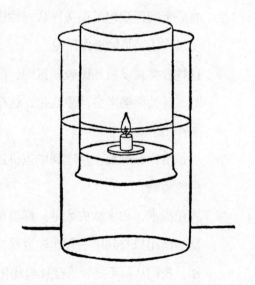

图 11

生 哇，这个真有趣，您再多放一会儿吧——可惜，蜡烛现在灭了，肯定
是有水溅到烛芯上了。

师 我们重新做一遍，让玻璃杯直立，防止它晃动。

生 火还是很快就灭了。

师 现在我们把水挪开，把蜡烛放在玻璃板上，然后用玻璃杯罩上。

生 火又灭了，

师 从这些实验中你可以得出什么结论呢？

生 我可以得到一个结论，蜡烛在玻璃杯里不会燃烧得很久。

师 你这样说是不对的。现在我把玻璃杯朝上放着，把蜡烛放进去——你
看，火苗虽然有点闪烁，但是它并没有熄灭。

生 那您盖点东西在上面看看！我可以盖个东西上去吗？看，火又灭了！

师 你打算怎样总结呢？

生 蜡烛在密闭的玻璃杯里只能燃烧很短的时间。

师 必须是玻璃杯吗？

生 我觉得不一定。

师 是的，不是只有在玻璃杯里才这样的，蜡烛被罩在金属做的灭火罩里
也会熄灭。那为什么蜡烛在灯笼里面却不会熄灭呢？

生 因为灯笼上面有通气的口子。

师 通气的口子和蜡烛的燃烧有什么关系呢？

生 有了它，新鲜空气就可以进去，把废气挤出来。

师 没错，现在，你把今天学的内容总结一下吧。

生 蜡烛燃烧时必须要有空气。在一个密闭的空间里，它只能燃烧很短的
时间。如果空间里的空气可以流通，那它燃烧的时间就会更长了。

师 你说得很好，但是这间屋子也是四面封闭的，蜡烛在这里面却能一直
燃烧，这又是为什么呢？

生　这是因为房间很大。

师　你说这句话的时候又把一个经验作为前提了。你的意思是说，密闭空间越大，蜡烛在里面就可以燃烧得越久，是吗？

生　是呀，我的就是这个意思。

师　确实如此，但这里面包含着一个重要的结论，你知道是什么吗？

生　我想不出来。

师　我们来看看一些相似的情况：一支短蜡烛燃烧的时间比较短，而一支长蜡烛燃烧的时间则比较长，这是为什么呢？

生　是因为蜡烛会被渐渐消耗掉——难道蜡烛燃烧时，空气也会被消耗掉吗？

师　你注意看，这是一支固定在铁丝上的蜡烛，我把它点燃，放进一只瓶子里（图12），等它熄灭之后，我小心地拿出来，再次点燃它。现在，我重新把它放进瓶子里……

生　它立刻就灭了！

师　由此我们可以得出一个结论：瓶子里的空气已经被消耗完了。

生　为什么呢？瓶子里不是还有空气吗？

师　瓶子里的已经不是空气了，因为空气可以让蜡烛燃烧呀。但是现在，瓶里的东西是没有这种性质的。

生　可是，看上去它跟空气完全一样啊。

师　没错，瓶子里是一种跟空气一样的无色气体，但它已经不是空气了。原来在瓶子里的空气已经经过一种化学变化而具

图 12

备其他性质了。

生　其他性质？对哦，蜡烛不会在那里面燃烧了。但是除此之外，我看不出有其他性质了呀。

师　因为气体都很相似，所以我们看不出区别，只有在精准的实验中，它们的区别才会表现出来。这个瓶子里装的是澄清的石灰水，大部分石灰已经沉在底下了，还有一小部分溶解在水里。肉眼看上去，水好像没有什么性质上的变化，但实际上它的性质已经变了。

生　它不会有毒吧？

师　没有毒。现在我倒一点儿石灰水在这只含有空气的瓶子里，然后摇晃几下，你看见什么了吗？

生　看不见什么特别的东西。

师　石灰水没有发生任何变化，对吗？现在，我用刚刚那只放过蜡烛的瓶子来做同样的实验。

生　水变浑了，像牛奶一样！

师　你看，这只瓶子里的气体有一种空气没有的性质，所以空气肯定是发生变化了。

生　这么说，我们可以利用石灰水看出我们肉眼看不见的东西。

师　没错，如果我们能直接看出那种新的物质，就不需要石灰水了。这种可以帮助我们看出是否有某种东西存在的物质，叫作试剂，而它引起的变化叫作反应。所以我们可以说，石灰水是一种试剂，变浑浊的过程则是一种反应。

生　反应就是相互作用的意思。

师　对啦，发生变化的空气跟石灰水相互产生了作用，所以才会有石灰水中的白色物质。现在，我们来做进一步研究。蜡烛燃烧时变成了什么东西呢？

生　它消失了。

师　你觉得它完全消失了吗？

生　对呀，它一点东西都没剩下。

师　如果你的书或者你的苹果不见了，你总是会问：它们去哪里了呢？

生　因为它们不会消失呀！

师　那蜡烛呢？

生　呃……它会跑到哪里去呢？我明明看见它消失了。

师　没错，它确实不见了，但它会不会变成一种我们看不见的东西呢？

生　世界上没有看不见的东西。

师　哦？是吗？

生　世界上并没有鬼啊！

师　那我问你，空气你看得见吗？

生　看不见，但是空气在蜡烛燃烧时会发生变化。这下我更不明白了。

师　其实很简单。燃烧的过程中，蜡烛和空气都发生了变化，所以才会生成一种气体，而气体是肉眼看不见的。

生　世界上有不是空气的气体吗？

师　原来你不理解的地方在这里啊！你想想，有许多外观和水一样的液体实际上并不是水，这你知道吧？所以当你听说世界上还有很多气体和空气长得一样但它们不是空气的时候，也不用大惊小怪啊。在化学的发展史上，这一点曾经让人们产生了巨大的困惑，直到我们学会用类似石灰水一样的试剂来区分各种不同的气体，才消除了这个困惑。现在，我们再来做几个实验。我点燃一支蜡烛，然后把一只玻璃杯罩在上面（图13），你看见什么了？

生　玻璃杯变模糊了，就像在上面哈了一口气。

师　哈气的时候，是什么东西让玻璃杯变模糊了呢？

生　我知道，是因为哈出的热气遇到冷的玻璃杯，凝结成小水珠了。

师　没错，这只玻璃杯里形成的也是小水珠。

生　它是怎样跑进去的呢？

师　这是因为蜡烛燃烧时，有一部分变成水了。

生　奇怪，有点儿出乎我的意料，但水总不至于让石灰水变浑浊吧？

师　水当然不会。其实蜡烛燃烧时会产生两种新的物质，一种是水，另一种就是让石灰水变浑浊的东西。

图 13

生　这种东西叫什么？

师　它叫二氧化碳。

生　这名字真滑稽，它是什么意思呢？

师　这你以后就知道了。

生　现在问题越来越复杂啦！

师　对啊，不过我们可以先从一个比较简单的问题着手，只要你把这个问题完全搞懂了，其他问题你也会慢慢明白了。现在，我们来点燃铁。

生　铁？它能点燃吗？

师　这很简单，你知道铁屑是什么吧？

生　就是铁的粉末。

师　现在我把铁屑撒进火里……

生　好漂亮！全是火花！

师　这就是燃烧的铁。

生　那铁丝放在火里为什么不会燃烧呢？

师　那是因为铁丝把热导到别的地方去了，温度不够高。像这种小小的铁屑，它们很快就会被烧热，热也传导不到别的地方去。

生　所以说只要温度够高，大的铁块也可以燃烧？

师　没错，我们以后也会做这个实验的。还有，铁匠把铁烧红的时候，铁也会燃烧，烧过的铁在受到锻打时会一片片掉落下来，所以我们又叫它铁鳞。

生　您说铁匠将铁烧红的时候，铁也会燃烧，可是我们看不见火焰啊。

师　燃烧并不一定都有火焰，铁屑燃烧时形成的火花也不是火焰。现在我们来做个这样的实验看看吧。这种黑粉也是铁，不过它比普通的铁屑还细。我把一只用铁丝做的小三脚架放在天平的一个称盘里，三脚架上放一个铁丝网，铁丝网上放几克铁粉（图14），然后把天平调整到两边的重量相等。现在，我点燃这堆铁粉，你看，它已经开始燃烧了。

生　我只看见一点儿很微弱的火光。

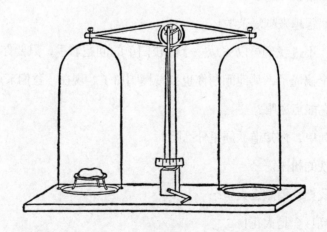

图 14

师　铁粉燃烧就是这样的，其实木炭燃烧时也只能发出微弱的火光。

生　是的，不过您为什么要把这些东西放在天平上呢？

师　这个你马上就会知道的。你先说说，铁燃烧时会变轻还是变重？

生　应该是变轻吧，放铁粉的那一头肯定会升高。

师　你再仔细看看。

生　它沉下去了！也许是风吹的吧——不对，这边越来越重了，这可真奇怪。

师　哪里奇怪了？

生　东西在燃烧的时候，有时会变轻，有时又会变重，这难道不奇怪吗？

师　那是因为蜡烛燃烧时产生的东西会跑掉，而铁燃烧时产生的东西不会跑掉，所以才会有这种区别。如果产生的东西不会跑掉，那重量肯定就会增加。

生　蜡烛燃烧也是这样吗？我想看看到底是不是这样的。

师　那我们只要把蜡烛燃烧时产生的水和二氧化碳保存起来就行了。

生　这有点难吧。

师　那倒不一定，有一种叫氢氧化钠的物质，可以把跟它接触的水和二氧化碳完全留住。现在我在这个罩着燃烧的蜡烛的灯罩里（图 15）放一点儿氢氧化钠，然后把这些东西都放在天平上，现在天平两边平衡了，用不了多久……

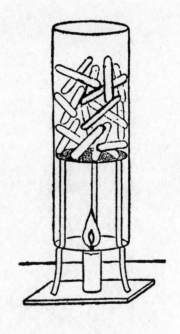

图 15

生　是的，放蜡烛这一边已经开始往下沉了。

师　而且燃烧越久，下沉得就越厉害。

生　所有能燃烧的物质都具备这个性质吗？

师　是的，你等会儿可以把油、石油、硫黄或者其他东西放在这里烧，你
　　会发现，它们的重量都会增加。

第十一课 | 氧气（一）

师　上一节课我们学了什么？

生　上一次学的是，所有物体燃烧都会变重。

师　你说得还不够全面，你想想蜡烛燃烧的情况。

生　哦，上一次学的是，所有物体燃烧都会变重，前提是我们把燃烧时所产生的东西也算进去。

师　你再想想蜡烛，如果蜡烛烧完了呢？

生　哦，我知道了，上一次学的是，所有物质燃烧后的产物，要比它原来更重。

师　这回说对啦！

生　可是铁也会烧得一点儿都不剩吗？

师　要想让铁烧得一点儿都不剩也是有可能的。你把昨天我们烧过的铁粉拿来看看，你看它变成什么东西了？

生　变成了一堆黑色的和铁粉差不多的东西，而且烧成一整块了。

师　你拿一点儿放在乳钵里研磨一下。

生　现在变成黑粉了。

师　你把乳钵洗干净，再把这些粉末放进去磨一下看看。

生　它变得跟铁一样亮了！

师　现在你看出区别了吗？燃烧过的铁并不是铁，而是变成具备其他性质的另一种物质了。铁在燃烧时就像蜡烛一样减少了。

生　那当时一起参加燃烧作用的空气呢？

师　它也发生了变化呀。空气在蜡烛燃烧时变成了另一种气体，就跟铁变成铁鳞是一样的。

生　铁燃烧时也会产生气体吗？

师　不会。

生　这么说，铁在空气中燃烧的时候，空气就会消失。

师　我们来做一做这个实验吧。我先把三脚架和铁粉放在浮在水面的木板上，然后点燃铁粉，再用一个大玻璃杯把它们罩住，一定要用力按住，它才能直立在水面上（图16）。这个实验会进行得比较慢，我们要等到铁完全停止燃烧并冷却之后才能看出空气是不是消失了。现在，你看见什么了？

生　空气好像真的消失了，不过没有全部消失，还不到四分之一呢。

师　如果我们仔细测量一下，就能知道大概有五分之一的空气消失了。

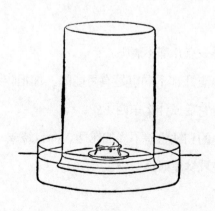

图 16

生　可能是铁太少了吧。

师　就算我再多烧一些铁，空气也不会减少更多。

生　可是蜡烛不是这样啊，它不是可以一直烧到完全消失为止吗？

师　木炭也可以这样吗？

生　木炭烧完还会剩一点儿灰。

师　空气也是差不多的道理，木炭由可燃物和不可燃物组成，前者烧完之后，就会剩下后者。空气也是混合物，里面包含一种可以参与燃烧的气体，叫作氧气；和一种不参与燃烧的气体，叫作氮气。如果按照体积来算，氧气在空气中大约占比五分之一[①]。

生　如果空气中只有氧气，那它在燃烧时就会被完全耗尽，对吗？

师　如果在燃烧过程中不产生其他气体，你这话是对的。现在我们自己来制一次氧气。

生　这能行吗？

师　人类在一百多年前就学会制氧了。现在我手里这种白色的盐叫氯酸钾。如果我们加热它，它就会释放出大量氧气。

生　您刚刚加进去的黑粉是什么？

师　它叫二氧化锰。它可以让氧气生成得更快、更均匀。现在我把这两种物质的混合物放进瓶子里，我还需要一根通气管和一个正好能塞住瓶口的木塞子，还要切一根玻璃管。

生　玻璃怎么能切呢？

师　玻璃本来只能折断，不能切断，如果我们想让玻璃的断裂处比较平滑，

[①] 按照体积计算，在空气中，氧气占比 21%，氮气占比 78%，剩下 1%，则由二氧化碳、稀有气体以及其他气体、杂质组成。

就要先折断，然后锉平。

生 这是什么东西？

师 这是一把旧的三角锉刀，它的齿都被磨平了，所以变成了三个刀口。如果用锋利的刀口在玻璃上划一刀，玻璃肯定会裂开。现在，我把这个位置朝向外面，这样玻璃折断后就能很平滑了（图17）。

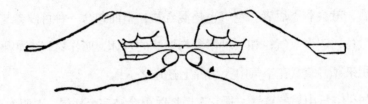

图 17

生 您做得好熟练啊！我也能做成这样吗？

师 稍后我给你一根玻璃管，你自己练习练习。现在我要让这根玻璃管变弯。

生 这怎么弄啊？它会断的！

师 玻璃管烧热之后就会变软，然后我们就可以让它变弯了。为了让它受热均匀，我们要把这个位置在火上不断旋转，不然它就会破裂。现在烧了一会儿，玻璃已经变软了，而且因为自身的重量，它已经自动变弯了一点儿，我稍稍用力，就可以得到我们需要的形状。现在我们等它冷却，它就可以保持这个形状不变了。

生 看上去好像挺简单的，我可以自己试试吗？

师 确实不难，但是你得练习练习才行。在操作过程中，你不能让热量集中在一个地方；在弄弯玻璃管的时候不能用力过度，不然弯曲的地方粗细就不均匀了。现在，我把玻璃管的另一头也稍微弄弯了一点儿。

最后一步，把玻璃管两端的切口也放在火上旋转着烧一烧，把口子烧圆一些，防止割手，这一步一定不能忘记。

生 这是什么道理呢？

师 烧软的玻璃就和液体一样。你知道，液体在尖端总是会形成球形。

生 为什么会这样呢？

师 这就是表面张力的作用。液体表面由于张力作用会尽量缩小，在体积相同的情况下，球体的表面积是最小的，所以液体总是呈球状。

生 但液体的形状是根据盛放它们的容器的形状而定的啊！

师 没错，这是根据地心引力而来的。由于地心引力，液体都会有向下的趋势。表面张力和地心引力会同时作用在液体上。一般情况下，地心引力的作用要比表面张力强得多，所以液体的形状主要受地心引力影响。现在，我们需要在木塞子上打个洞，我可以先用一根钢针穿个洞，然后用圆锉刀把洞锉成合适的大小，使玻璃管恰好能穿过它。现在一切都准备好了，我把这一套器具装好，下面放上酒精灯和铁丝网（图 18）。

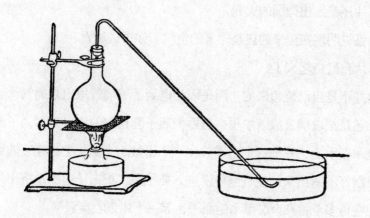

图 18

生　为什么要把玻璃管的一头放进一个盛了水的盆里呢？

师　为了收集气体啊。如果我把它放在一个空盆里，那就相当于放在一个充满空气的容器里了，那等会儿生成的气体就会和空气混合，我就看不出瓶子里是否装满气体了。所以我才把瓶子装满水倒扣在玻璃管的出口（图19），这样生成的气体就会把水挤出去。而且气体和水不会混在一起，这样我得到的气体也是纯净的。

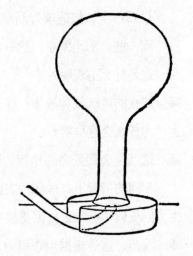

图 19

生　哇，已经有气泡出来了，快把瓶子放上去吧！

师　别急，现在出来的还是仪器里原来的空气呢！

生　那您怎么知道什么时候会出来新的气体呢？

师　我把玻璃管从水里拿出来，用一块即将熄灭的小木片放在出口那里测试一下，你看看发生什么了？

生　木片还在发出微弱的火光。

师　这就说明现在出来的还是原来的空气。你再试试看。

生　木片自己烧起来了！

师　这并不是自己烧起来的，而是因为遇到了玻璃管里出来的气体。现在我还是把玻璃管放入水里，然后把瓶子套在它的出口处。为了不用一直拿在手上，我把这个瓶子放在一个铅做的小架子上，让玻璃管的出口刚好不露出来，使气泡可以进入瓶子里，把瓶子里的水挤出来。我现在再多准备几个装满水的瓶子，等一下用来收集氧气。

生　刚刚那个小木片的实验，您可以再做一次吗？

师 那是氧气的反应，如果我们把一片火光微弱的木片放入氧气里，它就会燃烧起来。我可以用这只瓶子里的氧气做好几次这样的实验。等氧气用完了，这个实验就做不成了。

生 这是为什么呢？

师 在解释这个原理之前，我想先做几个相似的实验给你看看。我把一根铁丝缠在木炭上，用火点燃木炭的一个小角，然后把它放入氧气中，你看，它慢慢就会全部烧起来了，比在空气中的时候亮多了。硫黄在空气中燃烧时，我们几乎看不见火苗，但如果把它用铁匙盛起来放进氧气里，它就能发出蓝色的火焰。还有磷，它在空气中燃烧时火光是黄色的，但在氧气里它就会剧烈燃烧，发出白光。如果我们取一些火棉或者火绒缠在细铁丝上，把它点燃，放进氧气里，铁丝就会烧起来，产生火花，这些滚烫的铁鳞会掉进瓶底的水里去（图 20）。

生 哇，好漂亮的火花啊！

师 不要因为火花好看，就忽略了这个实验的意义。对于这些现象，你能得出什么结论呢？

生 物质在氧气中燃烧，会比它在空气中燃烧得更剧烈。

师 没错，但是它们在空气中也要依靠氧气才能燃烧，那为什么会有剧烈不剧烈和的程度差别呢？

生 在纯净的氧气里，它们可以放出更多的热。

师 这话也可以算是对的，也可以算是错的，取决于你怎样理解"热"。

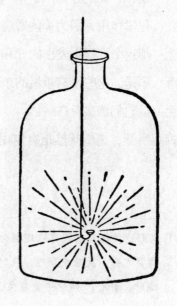

图 20

如果你说1克煤或者1克铁在纯净的氧气中燃烧所放出的热量比它们在空气中燃烧所放出的热量要多，那你就错了，因为热量是不变的。但是如果你说温度更高，那就是对的。

生　照您这么说，那我刚刚所说的就是温度。

师　你还真是调皮！物质在纯净的氧气中燃烧时，放出的热量集中于反应本身；而在空气中燃烧时，物质放出相等的热量，其中有一部分热量会传导给空气中的氮气等气体，所以，物质在纯净的氧气中燃烧的温度会比它在空气中燃烧的温度要高[①]。

生　那温度更高和火光更亮有什么联系吗？

师　当然有，我们可以通过火光的亮度来估计温度的高低。另外，较高的温度也可以让燃烧的速度更快。

生　这又是为什么呢？

师　这是一条根据经验得来的定律：温度越高，化学反应的速度也就越快。现在，我们还是回到氧气的问题上来。你刚刚看见的这些现象，都是化学作用，因为那些燃烧的物质和氧气都变成了新物质。

生　那这个过程中发出的光和热也是新物质吗？

师　不是，这些没有重量的东西并不是物质。

生　但它们确实存在啊！

师　当然，它们既然是有作用的，肯定也是存在的。它们的性质和物质很

---

① 老师这段话的意思可以理解为：物质在纯净的氧气中燃烧，比它在空气中燃烧得更充分、反应更剧烈、耗时更短，但两者释放的热量是相等的。在空气中燃烧时，会有一部分热量散失，传导给空气中除氧气之外的其他气体（主要是氮气）。

相似，因为它们也是可以互相转变的，而且除了通过转变之外，它们不会通过其他方法产生。它们和物质所不同的，就是它们没有重量。

生　那它们是力吗？

师　以前我们把这些东西都称作力，但是后来发现这样叫会引起误解，因为"力"这个术语已经有了特定的用处。现在，我们把这些东西称作"能"，热是一种能，光也是一种能。你知道"能"这个名词的意思吗？

生　我知道，我们说一个人有能力，就是说他能实现自己的抱负，做出一番事业。

师　"能"在科学中的意义也和这相似。凡是能让一切物质产生变化的都是能。

生　那物质在化学反应中所发生的变化也是因为能吗？

师　是的，只不过我们不这样说。如果不同的物质可以相互发生作用并产生新物质，我们就说这种物质具有化学能。物质发生转变时，它的一部分化学能也会发生变化，有可能变成热，有可能变成光，还有可能变成电能或者机械能。

生　听起来好奇妙啊！

师　其实能的转变还不如物质的转变奇妙呢，而且能的转变更加简单。为了让你进一步了解，我还可以告诉你，人类或马，或者一架机器所做的工作，也都是能。

生　这样说来，那我也可以用手制造出热量和光电了！

师　当然可以，你用两只手掌相互摩擦，手就会变热。如果你用双手夹住一把锥子，使它钻出一个小孔，很快你的手掌就会发烫。至于摩擦起火，这你应该早就知道了吧？

生　是的。这么说，我想要多少热，就能制造多少热？

师　不是，你用锥子钻了一段时间之后，你就钻不动了，因为你已经消耗了很多能。

生　那这些能我是从哪里获取的呢?

师　从食物中。你从食物中摄取化学能，你的身体可以把化学能转变为做功。

生　怎么转变呢?

师　我们要是知道怎么转变就好了，科学家到现在也没有把这个问题完全弄清楚呢! 做功必须要消耗化学能，我举个例子你就能明白了，比如一匹干重活的马，我们必须喂它吃很多草。

生　可是我不做功的时候胃口也很好啊。

师　那你就是浪费了食物里的化学能。不过，我们的身体总是需要一些化学能，这样才能让我们的体温维持在 37 摄氏度左右。当你的体温高于周边环境时，你会不断消耗热，这些热只能从食物中得到补偿。这是你制造热的第二种方法，不过这个方法是你的身体自发进行的。

生　那我可以制造光吗?

师　当然可以，如果你在黑暗中用两块糖相互摩擦，它们就会产生光。

生　难道白天不能发光吗?

师　可以，但是这种光比较微弱，在白天太不显眼了，所以我们看不出来。在这个实验中，你身体做的功转变成了光。

生　但是我没办法直接制造光吧?

师　是的，但是像萤火虫和海里一些能发光的动物，它们就能把吃下去的食物中的化学能直接转变成光。

生　那我能直接制造电能吗?

师　当然可以，你只要拿一根橡胶棒和一块毛皮相互摩擦就可以了。

生　这我知道，但这也是靠我的身体做功才实现的，而不是我自己直接产生的。

师　无论你做什么动作，哪怕是你在思考的时候，你的体内也会有电流发生。但是这些电流只留在你身体里，一般不会传到体外①。

生　我还不知道我有这种本事呢！

师　这有什么好骄傲的，任何动物都有这种本事。

生　但听起来还是很稀奇啊！那么，食物的能又是从哪里来的呢？

师　从太阳那里来的。

生　我不太明白。

师　我们的食物分为荤素两种。植物的生长离不开光，所以它们必须在有光的地方生长，然后把太阳的光能储存到自己体内。我们吃果蔬时，不就是把太阳能吃进去了吗？还有我们吃的动物的肉，那些动物就是吃植物长大的，所以它们相当于也是靠太阳能生长的。

生　从今天起，我要重新看待太阳了！

师　如果你把我们刚才讨论的内容牢牢记住，你就会对宇宙有更深入的了解。

---

① 这里讲的应该是神经冲动，也就是所谓的"神经电流"。

第十二课｜化合物及其成分

师　上一课你学了不少新知识，你把其中最重要的几点说来听听！

生　首先我学习了如何制造氧气和收集氧气，学了物质在纯净的氧气中燃烧比它在空气中燃烧得更剧烈，因为空气中只含有大约五分之一的氧气。我还学了一些关于能的知识，这些内容比较新奇，不是三言两语能说明白的。

师　那我来帮你说说。能跟物质有什么相似点和不同点？

生　相似点？能和物质一样可以转变，一种能可以转变为另一种能。

师　没错，那不同点呢？

生　能无法用秤称量，它来自太阳——物质应该不是来自太阳吧？

师　当然不是，就算有，那也少到我们无法证明。你先把这几点牢牢记住，其他的知识，等我们碰到的次数多了你就熟悉了。现在，我们再来说说氧气。这是昨天我们制造、收集的一瓶氧气，你说说它都有哪些明显的性质？

生　氧气和空气一样没有颜色。

师　那它有什么气味吗？

生　我闻不到任何气味。

师　其实你不用打开瓶子就能知道答案，你想想，空气中就有五分之一氧气呀！

生　对哦，既然空气没有气味，那氧气自然也没有气味。

师　刚刚说的两点是氧气最明显的性质。氧气还有其他性质，这些性质必须通过实验或测量才能了解，比如我上次做的那些有关燃烧的实验。这些性质都是根据化学作用而来的，所以我们将它们称作化学性质。氧气能让即将熄灭的木片燃烧起来的这种作用也属于化学性质。现在我们还要学习另一种制造氧气的方法。我手里这种红砖色的粉末叫氧化汞，我取一些放进一个用特殊玻璃制成的试管里（图 21），这种试管的熔点更高，质地也更厚。现在，我像上次一样装一个通气管上去，然后用一盏火力很强的酒精灯去加热它。现在，你看到什么了？

生　红色的粉末变黑了，它是被烧焦变成了炭吗？

师　不是，等它冷却之后，它又会变红。

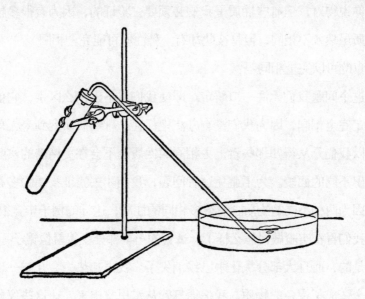

图 21

生 那它为什么会变黑呢？

师 有许多物质在加热时都会变色，因为颜色跟温度是密切相关的。

生 现在有气泡冒出来了。

师 这其实就是遇热膨胀的空气。

生 现在气泡变得越来越多了。

师 我们用试管把这些气体收集起来，用一块轻微燃烧的小木片去试试
看——现在还是试管里原有的空气。我再装一管试试看……

生 木片烧起来了，这是氧气！

师 应该是吧。我们收集一点儿，看看它是不是无色无味的。你来试试。

生 是的，没有气味也没有颜色。但是这些小实验有什么用呢？

师 当我们得到一种物质之后，要把它所有的性质一一证实，才能确定它
是哪一种物质。

生 如果每个性质都要去验证，那得弄到什么时候啊？

师 你说得对，但有些性质是我们必须要去验证的，因为有很多物质的性
质虽然各不相同，但是彼此却有一种性质可能完全相同。

生 真的可以完全相同吗？

师 这个问题我们无法一口断定。即使我们看不出什么区别，它们也不一
定完全相同，因为我们没有办法把任何一种物质研究到毫无差错，所
以我们无从得知那些看上去相同的性质会不会在更精密的实验中显示
出不同的面貌。为了避免这种问题，我们才去验证物质的多种性质，
因为两种不同的物质含有很多相同的性质，这样的例子毕竟很少。

生 我们看看实验做得怎么样了。试管的上半部分变得就像银子一样。

师 是的，而且大部分氧化汞已经消失了。我再加热一会儿——现在它完
全变成了银色的物质。我把通气管从水里拿出来，让这些仪器先冷却
一会儿。

生 为什么不能让它们待在原地冷却呢？

师 如果不把通气管从水里拿出来，受热的氧气冷却之后体积缩小，水就会进入试管里面。现在，你注意观察，我用羽毛把试管里那层银色的东西聚拢，让它们变成亮晶晶的液态小球。

生 这种小球看起来好像水银啊！

师 这就是水银！

生 水银怎么会跑到试管里去呢？

师 它是从氧化汞里面产生的。

生 那氧气也是从氧化汞里面产生的吗？

师 是的，只有这两种物质是从氧化汞里产生的，除此之外就没有别的东西从中产生了。

生 但水银为什么不在氧化汞的那个位置产生呢？

师 这是因为水银在加热的时候会挥发，也就是变成气体，气体遇到试管上较冷的部分，就会凝结成水银。我另外取点儿水银出来，加热一下，你看，已经有细小的水银珠子在试管壁上凝结了，而且越来越厚，现在就像一面镀了银的镜子。我再把之前得到的液态金属拿来做同样的实验，你看，还是一样的，所以它确实是水银。不过，水银挥发出来的气体是有毒的，你一定要小心！

生 这我倒是没想到！

师 为什么没想到呢？

生 水银是金属，金属怎么会沸腾呢？

师 金属是可以沸腾的，但是一般的金属沸点都很高，所以我们无法用普通的方法实现。比如在弧光灯的火焰中，我们所知道的大部分金属都会蒸发。水银的沸点比较低，它在 350 摄氏度的环境下就会沸腾。现在回到我们的实验。我们刚才用的那种红色粉末，它在燃烧后会生成水银和氧气，这个过程你已经看过了。其实我们还可以让水银和氧气变回氧化汞，这个反应是可以倒过来的。

生　听上去妙极了！我可以看看这个实验吗？

师　可惜我没法把这个实验做给你看，因为做这个实验需要把水银和氧气在 300 摄氏度以上的环境下放置好几周，它们才能变成氧化汞，而且生成的氧化汞只有少许几克。但是如果我们照这个方法制造氧化汞，那这种氧化汞的一切性质和普通氧化汞是完全一样的。

生　难道普通的氧化汞不是用这种方法制作的吗？

师　当然不是，普通的氧化汞是用一种完全不同的方法制作的，这种方法你现在还没法弄明白。

生　这么说，不论我们用哪种方法，结果都是一样的？

师　是的，这是一条很重要的定律：无论我们用什么方法来制造一种物质，它的性质都不会受到影响。

生　真是没想到啊！

师　其实你已经遇到过这种状况了。用氧化汞制成的氧气和用氯酸钾制成的氧气，它们的性质不就是完全相同的吗？

生　是的，我之前都没注意到这一点，是我想当然了。

师　你一定要记住，那些想当然的话，只有在我们没动脑筋思考时才会说出来。现在你牢牢记住这几个新名词。氧化汞可以产生两种不同的物质，那就是水银和氧气；反过来说，这两种物质相互作用，可以产生氧化汞。所以我们将氧化汞称作化合物，它由汞元素和氧元素组成。也就是说，氧化汞是……

生　氧化汞是汞和氧组成的化合物。

师　没错。现在我们要说一个非常重要的话题了，那就是化学反应中关于物质质量的问题。这里有一只密封的瓶子，里面除了氧气，还有一块缠在铁丝上的炭。我将瓶子放在天平上，把天平调整为平衡状态。现在，我要在不打开瓶塞的情况下点燃这块炭。

生　您准备怎么点呢？

师　我有很多种办法，比如我再用一根铁丝和瓶子上的这根铁丝连接起来，用电流把铁丝烧红，炭就可以被点燃了。不过我们有阳光，所以没必要这么麻烦，我们可以用凸透镜来点燃它。

生　没错，这样也可以！啊，炭已经烧起来啦！

师　现在又熄灭了，因为氧气已经用完了。你觉得这只瓶子会变重吗？

生　本来就会变重啊。

师　你又想当然了，现在我们来验证一下——你看。

生　天平的指针还是在 0 刻度左右摆动，重量好像没有发生变化。难道是重量增加得太少了，所以看不出来吗？

师　不是，即使用更精准的天平来称，结果也是一样的。

生　怎么会这样呢？我之前不是学过物质燃烧时质量会增加吗？

师　谁的质量会增加呢？

生　哦，我刚刚说得不准确，应该说燃烧后的产物要比烧掉的物质重。

师　但是在这里呢？

生　它们的质量是相等的。

师　你这个结论其实是错的，这里的产物也比原来的物质要重。

生　怎么会这样呢？

师　这是因为氧气被消耗了，而那些氧气的质量正好等于物质燃烧后所增加的质量，它们相互抵消了，所以质量不变。

生　真奇妙啊！

师　是啊，这其实体现了一条适用于一切化学变化和物理变化的定律：不论几种物质间发生了什么变化，它们的总质量永远也不会发生改变。

生 但总有一些特例吧?

师 没有,如果有一部分减少了质量,就会有另一部分增加质量,它们的总质量总是相等的。但是要注意,这条定律只适用于质量之和。

生 您以前跟我说,遇到问题不要总是问为什么,而应该问:这和什么有关系? 现在我想问您,这条定律和什么有关系呢?

师 在化学反应中,如果我们不能或者不想去称每一种物质的质量,我们还有别的办法可以算出来。比如我只要知道我用的氧化汞及其产生的水银有多重,就可以知道这个实验所生成的氧气有多重,因为 $2HgO \stackrel{\triangle}{=\!=\!=} 2Hg+O_2\uparrow$ [①]这个化学方程式是永远成立的,而 $2HgO$、$2Hg$、O_2 这些化学式在这里表示的就是它们各自的分量。

生 氧气是一种气体,它也有质量吗?

师 你以为气体没有质量吗?

生 我很难想象,气体也会有质量。

师 气体的密度,也就是它的质量跟体积之比,虽然它只有水的几百分之几。1立方分米空气大约重1.25克。

生 您可以做个实验给我看看吗?

师 这很简单。这里有一只厚玻璃瓶,瓶口塞着橡皮塞,橡皮塞上面插了一根带阀门的玻璃管。现在我用绳子系紧橡皮塞,以免它弹起来。我把玻璃瓶放在天平上,将天平调整到平衡状态。现在我把阀门打开,用打气筒往瓶中打气。现在我再把瓶子放到天平上去,你看,瓶子明显变重了。

---

① 这是氧化汞受热分解的化学方程式。HgO 表示氧化汞,Hg 表示汞,O_2 表示氧气,三角形则表示加热。

生 那我们可以看出您刚刚打进了多少空气吗？

师 当然可以。我把玻璃导管用一截橡皮管接在带阀门的玻璃管上，再把一只装满水的瓶子套在导管的出口处。现在我把阀门打开，刚刚打进去的空气就会流出来，聚集在这个装水的瓶子里（图 22）。如果你事先把这个瓶子的重量称好，那你只要把它再称一下，就知道它轻了多少，这部分质量，就是流出来的空气的质量。如果装水的那个瓶子上有容量刻度，那你就能知道流出来的空气的体积。

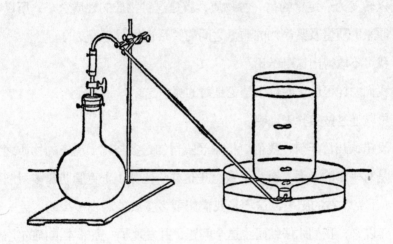

图 22

生 是的，可以这样。

师 等一下你可以做几个实验看看，你就会知道，空气的密度大约只有水的密度的八百分之一。现在我们还是回到这个实验上来，你有没有注意到我分别用氯酸钾和氧化汞制出的氧气的量？

生 我注意到了，用氧化汞制成的氧气好像要少很多。

师 是的，1 克氯酸钾所生成的氧气比 1 克氧化汞所生成的氧气要多很多。但是，如果我每次都只用 1 克氧化汞做实验，你觉得结果会怎样？

生 结果肯定是一样的。

师 如果每次都用 1 克氯酸钾呢？

生 结果也是一样的。

师 那你的意思就是说：当一种物质转变为另一种物质时，这个转变过程都是按照一定的质量关系进行的，对吗？

生 是的，但我不知道这是否正确，应该不会太离谱吧？

师 你的话完全是对的，这你应该可以确定啊，因为一定量的某种物质可以转变为一定量的另一种物质，就是这种物质的性质之一，所以物质原来的质量及其产物的质量之间的关系也是固定不变的。

生 我可不敢得出这个结论。

师 我们怎样可以证明这个结论是对的呢？

生 可以通过做实验来证明。

师 没错，几百年前，我们就根据经验得知，参与化学反应的物质之间总是有一定的关系，至少大致上是这样。比如 1 千克脂肪最多只能制出 1 千克左右的肥皂，这不是我们想要多少就能制出多少的。近一百多年以来，我们才仔细研究这个问题，并发现了一条非常准确的定律。

生 这条定律对于一切物质都适用吗？

师 是的。

生 真神奇。到今天为止，您教给我的定律都很简单，但是我不一定懂得运用它们。

师 这是正常的，定律就和工具一样，对于没有经验的人，即使他有了工具并且知道这工具有什么用途，这工具也不一定能给他带来便利。不过，以后的课程自然就会使你获得经验的。

第十三课 | 元素

师 上一课你学习了两条很重要的定律，它们可以说明物质之间发生化学
  反应时所产生的变化。其中一条定律叫质量守恒定律，你能复述一下
  这条定律吗？

生 物质间发生化学反应时，它们的总质量保持不变。

师 那另一条定律讲的是什么呢？

生 讲的是当一种物质转变为另一种物质时，它们的质量之比总是一定的。

师 没错，我们将这条定律称为定比定律。

生 这个比例跟什么有关呢？

师 问得好！在告诉你答案之前，我得先让你弄清楚化学物质这个新概念。
  你一定还记得 $2HgO \xrightarrow{\quad} 2Hg+O_2\uparrow$ 这个方程式，它是根据什么得来
  的呢？

生 质量。

师 如果你加热一定量的氧化汞，然后将它生成的水银收集起来，那水银
  会比氧化汞重还是比氧化汞轻呢？

生 我想应该是轻一些。

师 为什么呢？

生 因为水银和氧气的质量相加才等于氧化汞的质量，氧气也是有质量的。

师 没错，当水银或氧气变成氧化汞的时候，质量总是增加的，不过在前一种情形下所增加的是所需氧气的质量，而在后一种情形下所增加的则是所需水银的质量。

生 这我明白。

师 我们之前说过，氧化汞是由氧和汞组成的，它是一种化合物，这你还记得吧？

生 嗯，记得。

师 从这句话中，我们可以知道，一种反应物总是比它所能生成的一切化合物要轻。

生 因为每次都要加进一些别的东西。

师 没错。现在，你应该知道，我们可以用氧气按照你之前看到的那样去做各种实验，而且在每一个实验中消耗掉的氧气所构成的新物质的质量都是一定的。在这些实验里，我们从未发现过生成物比氧气轻的现象，它们的质量总是大于氧气。氧气由氧元素组成，元素是组成物质的基本成分。

生 除了氧和汞，还有其他的元素吗？

师 当然有，比如硫、铁、锡、铅、铜，它们都是元素。目前我们已知的元素一共有 89 种①。这是一个元素表，你可以在里面找出几种你很熟悉的元素，不过大部分都是你不认识的，还有很多元素本身就非常稀有，换句话说，就是能让你制造出这种元素的物质是非常稀有的。

---

① 至今为止，已知的元素一共有 110 多种。下文中的元素表列举了 111 种元素，在原著的基础上有所增加。

元素名称	元素符号	元素名称	元素符号	元素名称	元素符号
氢 qīng	H	锶 sī	Sr	铼 lái	Re
氦 hài	He	钇 yǐ	Y	锇 é	Os
锂 lǐ	Li	锆 gào	Zr	铱 yī	Ir
铍 pí	Be	铌 ní	Nb	铂 bó	Pt
硼 péng	B	钼 mù	Mo	金 jīn	Au
碳 tàn	C	锝 dé	Tc	汞 gǒng	Hg
氮 dàn	N	钌 liǎo	Ru	铊 tā	Tl
氧 yǎng	O	铑 lǎo	Rh	铅 qiān	Pb
氟 fú	F	钯 bǎ	Pd	铋 bì	Bi
氖 nǎi	Ne	银 yín	Ag	钋 pō	Po
钠 nà	Na	镉 gé	Cd	砹 ài	At
镁 měi	Mg	铟 yīn	In	氡 dōng	Rn
铝 lǚ	Al	锡 xī	Sn	钫 fāng	Fr
硅 guī	Si	锑 tī	Sb	镭 léi	Ra
磷 lín	P	碲 dì	Te	锕 ā	Ac
硫 liú	S	碘 diǎn	I	钍 tǔ	Th
氯 lǜ	Cl	氙 xiān	Xe	镤 pú	Pa
氩 yà	Ar	铯 sè	Cs	铀 yóu	U
钾 jiǎ	K	钡 bèi	Ba	镎 ná	Np
钙 gài	Ca	镧 lán	La	钚 bù	Pu
钪 kàng	Sc	铈 shì	Ce	镅 méi	Am
钛 tài	Ti	镨 pǔ	Pr	锔 jú	Cm
钒 fán	V	钕 nǚ	Nd	锫 péi	Bk
铬 gè	Cr	钷 pǒ	Pm	锎 kāi	Cf
锰 měng	Mn	钐 shān	Sm	锿 āi	Es
铁 tiě	Fe	铕 yǒu	Eu	镄 fèi	Fm

钴 gǔ	Co	钆 gá	Gd	钔 mén	Md
镍 niè	Ni	铽 tè	Tb	锘 nuò	No
铜 tóng	Cu	镝 dī	Dy	铹 láo	Lr
锌 xīn	Zn	钬 huǒ	Ho	铲 lú	Rf
镓 jiā	Ga	铒 ěr	Er	𬭊 dù	Db
锗 zhě	Ge	铥 diū	Tm	𬭳 xǐ	Sg
砷 shēn	As	镱 yì	Yb	𬭛 bō	Bh
硒 xī	Se	镥 lǔ	Lu	𬭶 hēi	Hs
溴 xiù	Br	铪 hā	Hf	䥑 mài	Mt
氪 kè	Kr	钽 tǎn	Ta	𫟼 dá	Ds
铷 rú	Rb	钨 wū	W	𬬭 lún	Rg

生　这种稀有元素难道就不能用常见的物质制造出来吗?

师　这是绝对不可能的,因为每种化合物通过分解,只能得到某几种元素。如果想制造这种化合物,那就必须要用含有这几种元素的物质。

生　这也是定律吗?

师　没错,它叫元素守恒定律。

生　您能解释一下吗?

师　很久以前,有许多炼金术士穷尽一生,想用铅和其他不值钱的金属来制造金银,但没有一个人成功。因为炼金术士正是以为一种元素可以转变为另一种元素,比如让铅变成金子。他们当时并不知道这是不可能的,直到几百年后,这些尝试依然没有得到丝毫成果,从而证明了金银是不能用其他元素制成的,他们这才醒悟过来。后来,人们进一步发现,不但是金银,所有元素都是这样的。

生　所以炼金术并不是无意识的,也并非完全没有好处呢,对不?

师　对,炼金术并不是无意识的,因为炼金术士事先并不知道这件事不可能成功，不过他们的方法确实不科学，因为他们都是抱着侥幸的心理去胡乱尝试的，他们最后得到的结果，一个是元素不能相互转变，另一个是含有某几种元素的化合物也不能转变为含有另外几种元素的化合物。然而，这两种结果却是科学发现，让化学变得容易多了。

生　我没听懂。

师　假设我们让每一种元素对应一个符号，那么，我们只要把任何化合物中含有的元素符号排列起来，就可以把一切化合物都表示出来。比如德文 hut，你只能用 h、u、t 这三个字母去拼写，把这个单词拆开也只能得到这三个字母。如果你想用这三个字母拼出 rose 这个单词，那就不行了，化合物和元素的关系也是这样。在元素表中，每一种元素除了名称之外，还有一个符号，这些符号都是由它们的英文名称的首字母或前两个字母形成的。地球上所有物质都可以用这些符号组合起来去表示，只是每种物质的组合方式不一样而已，因为不管有多少种不同的物质，每种物质都只能分解为某几种元素。

生　虽然很简单，但是我需要一段时间才能记牢。

师　很快你就会熟练的。现在，我们把元素表拿过来，看看你在日常生活中学会了多少化学知识。氧气你已经认识了，它是一种无色无味的气体，氢气也是一种无色气体，而且它可以燃烧，它是世界上最轻的气体。

生　氢在德语中为什么是 Wasserstoff 呢？

师　因为它可以用 Wasser（水）制出来，所以叫 Wasserstoff。

生　这么说，水就不是一种元素了？

师　当然不是，你能在元素表中找到水吗？水是氢和氧的化合物。关于氮气，你也有一些了解，它是空气的一种成分，也是一种无色无味的气体。

生　因为空气是无色无味的，所以氮气也一样。

师　没错。现在来说说碳，木炭的主要成分就是碳。以上四种元素在自然界是普遍存在的，这也是我为什么先给你讲这四种元素的主要原因。现在你把下面的这个表格牢牢记住！表格中加有 * 号的那些元素，你以后还需要深入学习。

*氢	*氧	*氮	*碳
*氯	*硫	*磷	*硅
*溴	硒	砷	钛
*碘	碲	锑	

生　为什么只学这几种呢？

师　其他元素，有些是极为少见，有些是它们的化合物没什么用处。而且你也不能不加选择地把化学中的所有知识学习一遍，也不能满足于一丁点儿化学知识。我们选择的标准，就是至少要把我们常见或常用的物质都学一遍。

生　那我今后也只会学习化学的一部分吗？

师　世界上几乎没有人能知道关于化学的一切知识。我会尽力把化学中最重要的知识介绍给你，让你有一个大概的认知。如果你以后有这样的能力和意愿，完全可以选一部分进行系统学习。现在，我们先讲刚刚挑出来的那几种元素。我之前已经讲过，氢气是一种无色的、可以燃烧的气体，不过它的火焰很暗淡。氢气是最轻的气体，我们可以用它来做飞艇的燃料[1]。

---

[1] 20 世纪初，氢气飞艇曾在欧洲发展得十分迅速，一度用于横跨大西洋的探险飞行。这种飞艇在飞行时，由于摩擦起电，很容易引燃其中泄漏的氢气，导致飞艇起火。1937 年，德国一艘名为兴登堡号的飞艇就因此而烧毁。

生 小孩子们玩的那种气球里装的也是氢气吗？

师 没错，如果我们用火去点氢气球，里面的氢气就会燃烧起来①。

生 我也想试试。

师 那你千万不要把身体靠太近，因为氢气燃烧时温度很高，有时还会发生爆炸，可能把你的皮肤烧伤。氯气是一种含有刺激性气味的绿色气体，我们常用漂白粉撒在腐烂发臭的东西上，这种漂白粉的气味就是稀释后的氯的气味，这种味道你应该也闻过。

生 是的，我记得我家的保姆总是把漂白粉撒在街角，不知道是干什么的。

师 那是为了除臭并杀死细菌和一些有害的动物。你看，这是溴，它在常温下是一种红棕色的液体，它挥发出的红黄色气体的气味和氯气很相似。

生 哈哈，这就是您之前说的一种相似之处了。

师 没错，碘的气味也和氯差不多，不过碘在常温下是一种有光泽的黑色固体，气态的碘是紫色的。

生 我记得我用碘酒擦过伤口，碘酒和碘有关系吗？

师 碘酒就是碘在酒精里的一种溶液。硫你是认识的吧？

生 是那种黄色的东西吗？

师 没错，硫或硫黄是一种黄色的固体，燃烧时会发出蓝色火焰。

生 而且硫的气味很难闻——为什么大部分化学物质都那么难闻呢？

师 不好闻的物质，大部分都会对鼻黏膜产生刺激，如果它们没有难闻的气味，我们就不容易注意到它们，那我们的身体就会经常受到损害了，

---

① 千万不要购买和点燃氢气球。氢气与其他物体摩擦起电或遇到明火时，很容易发生爆炸。相比氢气球，氦气球是一种更加安全的轻型气球。

这样不是更危险吗？

生　那倒没错！所有有毒的物质都很难闻吗？

师　大部分有毒物质都很难闻，但也有一小部分有毒气体完全没有气味，或者气味非常淡，这一类物质是非常危险的，以后我们就会认识这样的气体。

生　那我一定要小心了。

师　现在我们要讲氮了。你对氮气本身也有一点儿认识了。氮气在德语中叫 Stickstoff，就是窒素的意思，但它并没有毒。我们每时每刻都在呼吸的空气中就有氮气和氧气。氮气之所以叫窒素，就是因为动物必须依靠空气中的氧气才能存活，而在纯粹的氮气中就会窒息而死。磷这种物质你也有一点儿了解吧？

生　是的，火柴里就含有白磷。

师　没错，通过这个你也可以得知它的一个性质，那就是白磷十分易燃，摩擦产生的热就足以点燃它，我们利用它的这个性质发明了火柴。

生　我之前在黑暗中看到火柴头发出淡绿色的光，我家保姆告诉我，这是因为火柴受潮了，这是为什么呢？

师　白磷在空气中会慢慢燃烧，燃烧时会发出那种淡绿色的光。为了让火柴头上的白磷不自动燃烧，我们会用胶水和它混合起来，胶水干了之后火柴头外面就会有一层膜把白磷和氧气隔绝起来。这层膜受潮之后就失效了，所以白磷就会与空气接触。

生　有一次我把火柴弄湿之后，它们就不发光了。

师　因为白磷具有毒性，所以现在国家不允许用白磷来制造火柴，我们现在用的火柴里是没有白磷的。

生　那磷本身是什么东西呢？

师　这里有一瓶白磷，我刚刚和你说过，白磷在空气中会慢慢燃烧，所以我把它储存在水里。它的毒性很强，所以我还是不给你了。

生　白磷是怎么制出来的？

师　你是想背着我偷偷制造吗？那可不容易！磷是骨骼中的成分之一，需要用很复杂的方法才能提取出白磷。

生　既然它有毒，为什么会存在于骨骼里面呢？

师　因为磷的化合物是没有毒的。通过这个例子，你可以知道，元素的性质和它的化合物的性质会有多大的差别。现在，我们来认识一下硅。你看，这就是硅。

生　燧石就是由硅形成的，对吧？

师　不完全是，燧石的主要成分是硅和氧气所形成的化合物，我们一般将这种化合物称作二氧化硅。石英石、砂岩、水晶都是由这种物质构成的，其他岩石中，几乎也都含有二氧化硅，所以硅是地表上分布最广的物质之一。今天就讲到这里吧，不过我还是要告诉你，我们现在学习的这些元素有一个统称，叫作非金属，非金属元素是元素中的重要组成部分，另一部分我们称之为金属。

生　今天学的知识可真不少！

师　今天学的不过是对今后要学的知识做一点儿简单的概括，真正的研究还在后头呢！

第十四课 | 轻金属

生　世界上到底有多少种金属元素呢?

师　大约有 60 种[①]，因为其中有几种我们还不是特别了解，所以不是很确定。

生　这么多种金属元素，我们哪能弄得清啊?

师　动植物的种类比金属种类多得多，我们都能弄清楚，何况这区区几十种金属呢? 我们先通过分类，把相似的几种金属放在一起研究。

生　动植物可以根据它们的状态和器官分类，金属不能这么分吧?

师　不一定，各种元素在固体状态下所呈现的晶状就和动植物的状态差不多，有很多相似之处。不过即使金属的状态彼此相似，它们的其他性质也有可能完全不同。生物就不一样了，只要它们的状态相似，那么它们的性质也差不多是相似的。而我们所说的金属的其他性质，一种是化学性质，也就是它们和其他元素组成化合物的能力；另一种是物理性质，比如光泽、颜色、密度、硬度等，不同金属的物理性质也是各不相同的。

---

① 至今为止，我们已知的金属元素有 90 种。

生 这么说，如果我想要把金属的分类方法记住，就必须先把它们的性质全部弄明白才行。

师 只有发明分类方法的人才需要这样做，你目前只需要知道同类元素在性质上的相似之处就够了。

生 我知道了，但到底根据哪些性质来分类呢？

师 根据的是各种不同的性质。我们发现，即使用各种不同的性质来分类，得到的结果大多也是相同的。

生 这么说，这种分类方法的逻辑是很清晰的。

师 没错，这和动植物的分类是一样的。即使是动植物的分类，有时也会因为各科各属之间的区别太小或分类依据不同而使人感到困惑。

生 但是像元素性质这种不会发生改变的东西，按理说不应该产生这样的矛盾啊。

师 元素的性质之间本来是不会产生矛盾的，不过因为那些分类的标准多少是我们可以随意选定的，所以有时候会不一致。

生 为什么不能像数学或几何学那样规矩呢？

师 我们对元素的性质认识得还不够全面。比如在我们做过的实验中，大部分都是在接近常温和标准大气压的条件下进行的。如果我们把元素的性质放在任意温度和压力中去实验，得到的结果肯定是大不相同的。

生 这样说来，分类不够完美是因为我们认识得还不够。

师 很有可能，按照以往的经验，如果我们对一门学科的知识越了解，那么这门学科也会越发达。现在，我们回到刚才的问题。金属可以分为轻金属和重金属两大类。

生 轻金属是什么意思？所有物质都是有重量的，这个轻金属肯定也是有重量的吧？

师　没错。凡是密度小于水的密度的 4 倍的金属物质，都是轻金属[1]。

生　为什么是 4 倍呢？

师　因为在这样的限度下，金属其他性质的区别会比较明显。轻金属又可以分为碱金属、碱土金属和土金属[2]三类，这三类包括以下几种最重要的金属：

碱金属	碱土金属	土金属
钠	镁	铝
钾	钙	

生　这也不算多呀！

师　这不是全部的，其余那些，有的产量极少，有的用途不广，所以暂时不用管它，我也先不教你。

生　您刚才说的铝就是那种带有光泽的银白色金属吧？

师　是的，如果你把它拿在手里掂量掂量，就会知道它很轻，它的密度是水的 2.7 倍。

生　我听说它是用泥土做成的，是真的吗？

师　这话只说对了一半。泥土并不是一种纯粹的化学物质，它是一种混合物，里面包含了许多岩石和岩石的风化物。但任何石头和泥土里面几乎都含有铝和氧气构成的一种化合物，尤其是陶土和泥土，里面都含有铝。

---

[1] 按照今天的标准，轻金属指密度小于 $5g/cm^3$ 的金属。

[2] 过去人们将硼族（ⅢA 族）元素归为土金属，现已废弃不用。

生　哈哈，怪不得叫它土金属呢！但是既然土里面有那么多铝，它的产量又那么高，为什么它还这么贵呢？

师　其实现在铝的价格并不算高，1千克铝的价格大约是 3 马克①。不过，从化合物中提取铝，是需要消耗大量工作的，所以它的价格会比原料高得多。其实，我们在不久之前才学会用电解的方法去提取铝。你看，这是铝和三氧化二铁的混合物，如果我用火点燃它，它就会放出大量的热，等它燃烧到白热的程度，就可以得到铁了。我们可以对这种烧热了的物质进行锻造或熔解。

生　这个实验真好看。那这种混合物是怎样配成的？

师　是用一份铝粉和三份三氧化二铁配成的，但是配之前需要把它们放在高温下烘干。配好之后，把它们放在一只用陶土做的坩埚里，在其中插入一根镁条，用火柴点燃镁条就可以了。

生　这个实验是什么原理呢？

师　三氧化二铁是铁和氧气的一种化合物，在高温条件下，它会和铝发生化合作用，从而使铁分解出来。

生　我懂了。

师　现在我们再说回轻金属。碱土金属中有一种金属叫镁，想必你刚刚已经认识了。

生　就是刚刚那个烧起来很亮的镁条吗？

师　是的，镁是一种可燃的白色轻金属，它在燃烧时会发出强烈的光，所以当我们需要强光但是又没有电的时候，通常就会用到镁条。我这里有一根镁条，现在我来点燃它，你看，它发出的光多亮啊！

---

① 这是 20 世纪初铝在德国的价格。马克是旧时德国所用的一种货币单位。

生 那剩下的白灰和白烟是什么呢？

师 这你应该知道啊，燃烧是一种什么作用？

生 燃烧是物质跟氧气的化合作用。这么说，这些白灰就是镁的氧化物？

师 对极啦！镁在燃烧时会释放光能和热能。

生 光也是一种能吗？

师 是的，植物在阳光下开枝散叶，这你是了解的。当你燃烧木材的时候，它会释放大量的热。而且植物只有在阳光下才能生长，所以木材中的能也是来自阳光。

生 那我们怎么获得镁呢？

师 那你就要像制铝一样用电解的方法把它从化合物里提取出来。镁的化合物在自然界中很常见，比如山上的白云石中就含有大量的镁化合物，其他岩石也大多含有镁化合物。

生 那药店里卖的苦土又是什么东西？它和镁有关系吗？

师 苦土就是氧化镁，和镁燃烧时所产生的那种物质一样；还有药用的苦盐也是镁的一种化合物。这些你以后都会学到的。

生 原来生活中有这么多和镁有关的东西，我还想再多了解一点儿！

师 其他金属也会有这种情况呢！比如钙，它是一种不太常见的金属，因为从它的化合物中分解出钙的工作量比镁还要多，而且钙比镁更易燃烧。我这里有一块钙，它看上去和铁很像。

生 为什么我现在就要认识钙呢？

师 因为钙的化合物在大自然中分布很广，它是地球上含量最高的元素之一，比如石灰石就是一种分布很广的钙的化合物，白垩和大理石也是一样的化合物，只是形状有所差异。

生 但是白垩、大理石和石灰石是三种不同的东西呀，怎么会是一样的化合物呢？

师 它们只是外观不一样而已。如果我用盐酸分别与这几种东西做实验，它们都会产生泡沫并且释放出一种气体。而且在这种盐酸溶液中滴入稀硫酸，它们都会生成一些沉淀。除了这些，它们还有很多性质是一样的。不过白垩的颗粒比大理石和石灰石的颗粒要细得多，石灰石中一般还会含有其他杂质，这就导致了它们三者外观上的区别。大理石中也含有一些杂质，整体呈红色或黑色。总之，它们只是物理性质有所差异，化学性质是大致相同的。

生 那钙还有其他化合物吗？

师 数都数不清呢！石灰石在高温下会变成生石灰；生石灰遇水会放出大量热量，在水较多的情况下可以变成石灰浆，石灰浆和沙子混合就是石灰砂浆。另外，石膏也是钙的化合物。

生 我想学学关于石膏的知识。

师 这个以后再慢慢学吧，不然我们就没法把其他元素都讲完了。现在还剩下一种碱金属没有讲。你看，这瓶子里装的是钠。

生 它的颜色有点儿像银子，但是为什么要把瓶子封起来呢？

师 因为钠在常温下可以和氧气发生化学反应，所以我们把瓶子封好隔绝空气，这样钠就不会发生改变，我们才能看见它的本色。你看，我这里还有几块灰色的钠。

生 这和刚刚那块完全不同啊！

师 是的，因为这块钠的表面已经跟氧气发生反应了。现在我用刀把它切开，你看，切口那里的颜色和光泽和之前那块是一样的。

生 可是它立马又变成灰色了！

师 没错，因为它又和氧气发生反应了。

生 装钠的那些液体是什么呀？

师 是普通的煤油，它能防止钠和氧气接触而产生反应。

生　钠也能把氧元素从化合物里分解出来吗？

师　当然可以。我把一小块钠放进水里，你看，它会放热，然后溶解。现在它在水面上越变越小了，过一会儿还会有一次小小的爆炸呢！你看，炸了，这时候钠也完全消失了。

生　它去哪里了呢？

师　它把水里的氧元素分解出来，然后变成了一种溶于水的氧化物。

生　这种氧化物在自然界中存在吗？

师　不，必须要人工制造。但是钠的另一种化合物倒是很常见，那就是我们都很熟悉的食盐。

生　食盐是钠和什么东西组成的化合物呢？

师　氯。

生　真是不敢相信！

师　为什么？

生　钠和氯气都是很烈的东西，但是它们却能构成普普通通的食盐，这不是难以置信吗？

师　如果你认为元素的性质在化合之后还保持不变，那你就大错特错了。食盐是钠和氯的化合物，只能说明食盐是由这两种元素构成的，或者说，这两种元素可以通过食盐分解出来。

生　真的吗？

师　以后你会亲眼看到的。

生　这些稀奇古怪的现象我真想现在就见识一下，我已经等不及了。

师　但是现在我们要先讲一讲最后一种轻金属——钾。这个瓶子里装的就是钾。

生　它和钠长得很像呢。

师　是的，它不仅和钠长得像，性质和钠也很相似。如果我把保存在煤油里的钾取一点儿出来放在水里，它也会发生剧烈的反应，还会发出紫色的火焰。

生　那纯粹的钾在自然界中也不存在吧？

师　没错！否则它早就和水发生反应而变成氧化物了。

生　那自然界中都有哪些钾的化合物呢？

师　那太多了！就说一个你比较熟悉的吧，硝石就是其中之一。此外，很多矿石中也含有钾，正长石就是一个典型的例子。钾的化合物可以从岩石中分解出来进入土壤，进而被植物吸收，它可是植物生长必不可少的一种肥料呢！钾的化合物被加热后不会挥发，所以植物的灰烬里总是含有钾的化合物，用水溶解草木灰，再经过一系列处理，就能从中提取出一种晶体，那就是我们所说的碳酸钾。

生　我想做做这个实验。

师　这很简单，你只要把草木灰加水调和成泥浆一样的东西，然后用滤纸过滤一下，就会得到一些澄清的液体，这些液体的气味与肥皂水相似。你把这些液体倒入一个蒸发皿中，用酒精灯加热，等水分完全蒸发之后，就会析出一些白色或灰色的晶体。你要注意，千万不要拿煤灰去做实验，煤灰里是不会有碳酸钾的。

生　今天学的知识太多了，我可能记不住呢！

师　今天讲的这些内容，以后讲到各种元素的化合物的时候，我还会再讲一遍的。我今天只不过是想让你知道你已经在生活中认识了很多化学物质、了解了很多化学知识。但是关于这些物质和它们的性质的系统性知识，你还得好好学习呢？

生　我保证我不会偷懒的！

第十五课 ｜ 重金属

师 我们今天要开始学习重金属了。我们最早认识的那些金属，比如铜、金、锡、铅、铁等，都属于重金属。

生 为什么我们最早认识的恰好都是重金属呢？

师 因为黄金可以直接在地下找到，铜、锡、铅可以轻易从矿石中提取出来，我们不需要丰富的经验和先进的技术就能得到这些金属。而铁的制造就要难一些，所以我们对铁的应用要比上述几种金属晚得多。现在，我们把这几种重要的金属列成一个表格：

铁	镍	铜	银	金
锰	铬	铅	锡	铂
钴	锌	汞		

生 这些金属我差不多都认识。

师 你对锰肯定不会了解太多。其实锰和铁很相似，锰的氧化物是二氧化锰，在你之前做的用氯酸钾制氧的实验中曾经用到过，当时我们用它来促进氧气的释放，所以你已经知道它了。

生　钴不是一种蓝色颜料吗？难道它也是一种元素？

师　你说的蓝色颜料只是钴的化合物。钴和铁也比较相似，但是它在空气中不会像铁那么容易生锈。镍你也认识吧？

生　认识，10 芬尼①的硬币就是用镍做的。

师　10 芬尼硬币的主要成分确实是镍。镍还可以用来制作我们厨房里的各种用具。镍的颜色比铁要白得多，和银有点儿像。即使在潮湿的空气中，镍也不会生锈，而且它的质地很硬，不容易熔化，所以是一种比较贵重的金属。

生　铁生锈时会发生什么反应？

师　铁和空气中的氧气及水发生化合反应后就会生锈，所以铁在干燥的环境中更易于保存。

生　那镀镍是什么意思呢？

师　镀镍就是在一种东西的表面镀一层镍，我们可以通过电流把镍从它的化合物溶液中分解出来，使它附着在各种金属上。因为镍在空气中不易氧化，所以镀过镍的东西也没那么容易生锈，可以保存更久。

生　铬这种金属，我听都没听说过。

师　关于铬我暂时也不会教你很多。这里有一块铬，你看它颜色比铁要白得多，质地很坚硬，而且不易熔化。它的化合物大多颜色鲜艳，所以可以用于制作颜料。锌你应该认识吧？

生　是不是就是我们用来铺屋顶、做浴盆的那种东西？

师　是的，它比刚才提到的那些金属都要容易熔化。现在，我们来看看铜这一类金属。对于铜，你应该很熟悉了。

---

① 芬尼是旧时德国所使用的一种货币，10 芬尼相当于 0.1 马克。

生　是的，还有铅我也认识，它特别重。

师　对，铅的密度是 11.34g/cm³，它很容易熔化，质地较软。一般来说，熔点低的金属，质地都比较软。

生　反过来也一样。

师　不，反过来就不对了。金银的质地也很软，但是它们的熔点却很高。不过锡倒是这样的，它质地很软。

生　锡也很容易熔化。我曾把锡烧化了倒进水里，得到了一些奇形怪状的东西，这些东西是从哪儿来的呢？

师　你自己应该能想到啊！锡的熔点是 231.89 摄氏度，我们把熔化了的锡倒进水里，水会怎么样呢？

生　水会开始沸腾。我明白了，水变成水蒸气了，水蒸气把熔化的锡撑大了，所以才会有那些奇怪的形状。

师　一点儿都没错！被撑大的锡跟水接触之后又凝固了。关于汞你了解多少？

生　我知道汞在常温下是液体。

师　金属中只有汞是这样的，不过它不是唯一的液态元素，溴在常温下也是液体。银你也是认识的。

生　是的，我是通过银币和银茶匙认识的。

师　汞和银，还有金和铂，都属于贵金属①。

生　为什么叫贵金属？是因为它们卖得很贵吗？

师　不是，还有一些更稀有、更值钱的金属，我们并不叫它们贵金属。这几种之所以叫贵金属，是因为它们和其他金属不太一样，它们被火烧

---

① 汞一般不被归入贵金属。

过之后还能保持自身的光泽。

生 为什么它们会这样呢？

师 你应该知道啊，铁在空气中燃烧会发生什么，之前不是教过你吗？

生 铁会跟氧气产生化合反应，其他大部分金属也是这样。难道贵金属就不能产生氧化物吗？

师 那倒不是，它们也能产生氧化物，不过它们的氧化物被加热之后又会分解成金属和氧气。之前学习汞的时候，我不是特意跟你讲过这种性质吗？

生 原来是这样！它们的氧化物在高温下很快又会分解，怪不得不能产生氧化物呢！

师 没错！

生 所以贵金属永远都没法生成化合物吗？

师 那也未必，比如硫黄对银和汞就有这种效果。

生 我可以看看这个过程吗？

师 当然可以。我把一滴水银滴进乳钵里，加一点儿硫黄进去磨一磨，你看到什么了？

生 全都变黑了，这黑色的东西是什么呀？

师 是硫黄和水银的一种化合物。用这个方法，我们还可以让银和硫化合呢！你取一点儿硫黄放在银币上磨磨看。

生 银变成棕色和灰色了！

师 因为它们产生化合物了。银和汞这两种金属，还可以直接跟氯、碘、溴发生化合反应呢！

生 化学涉及的范围真是太广了！

第十六课 | 氧气（二）

师　今天我想让你对氧气有更多的了解。

生　氧气我不是早就学过了吗？

师　你知道的只是些皮毛，都是很肤浅的认识。我今天要讲给你听的，也只是其中的一小部分而已。

生　您不是知道所有关于氧气的知识吗？

师　当然不是，世界上没有一个人对氧气是完全了解的。

生　我没明白，所有人都不知道的知识，那不是还没有被发现吗？

师　那倒不是，每个人所掌握的知识是各不相同的，有些东西甲知道，乙却不知道；有些东西甲不知道，乙却知道。所以每一种知识总有一个人知道，但没有一个人可以掌握所有的知识。一切知识都在书本上，谁都可以找到它。有些人会把关于某一方面的资料收集起来，编成专著，这样别人就不需要再去找了。但是他写的也只是概括性的内容，要想有更深入的了解，就得亲自去各种书本里寻找答案，或是通过实验来获得答案。

生　那书里的东西都是正确的吗？

师　大部分都是正确的，即使有一些错误，也只是作者出于各种原因弄错了，而不是他故意欺骗别人。科学文献的特点和伟大之处，就在于它的每一个字都充满了诚意。

生 如果有人把一个错误写进书里，那这个错误不就永远传下去了吗？

师 等它和另一个事实发生冲突时就不会继续流传了。现在，我们还是回到氧气这个话题。你记得我们之前是怎么制造氧气的吗？

生 我记得是用一种盐制成的，但我不记得它叫什么了。

师 它叫氯酸钾。从比例上来看，它里面大概含有五分之二氧元素，能在合适的温度下释放氧气；如果我们再加一些三氧化二铁或二氧化锰进去，那就更简单了。

生 这些内容您之前和我讲过了，听着倒是很稀奇，我真想亲眼看一看呢！您能把这个实验做给我看吗？

师 当然可以。我把一点儿氯酸钾放入一个小试管里烧熔，你看到什么了？

生 它熔化了，然后变得像水一样清，里面有一些小小的气泡在往上冒。

师 这些小气泡就是氧气。现在，我把试管从火焰上移开，加入一点儿三氧化二铁。

生 现在泡泡多得像汽水一样，这是因为氯酸钾开始沸腾了吗？

师 不是，是因为其中释放出了大量氧气。我把即将熄灭的木片放进去，你看，它立刻就燃烧起来了，这就是氧气的一种性质。虽然我已经把氯酸钾从火焰上移开了，但氧气的释放却加快了，这是因为加了三氧化二铁。

生 真神奇！这到底是什么原理呢？

师 三氧化二铁在这里的作用，就和我们给生锈的机器涂润滑油、用鞭子抽打马匹一样。

生 我没听懂。

师 在一些速度很慢的化学反应中，只要加入某种物质，它的速度就会变快，而且加进去的这些物质不会发生改变。我们把这种加速作用叫作催化作用，至于它的原理，科学界正在进行研究，或许几年之后，我就可以告诉你答案了。

生 等我学好了化学，我要试着把这个催化作用搞清楚！

师 这个想法很棒！现在我们要来制造氧气了。你已经学过怎样收集氧气了，你还记得吧？我先把这个装满水的瓶子放在一边，在收集氧气前我要把原来的空气排干净。

生 这样就会浪费一些氧气吧？

师 那也没办法，要想得到纯粹的氧气，就必须牺牲一些，你以后还会遇到很多这样的情况。现在我们开始烧，你看，很快就会有气泡从玻璃管里冒出来。好了，现在你把瓶子放在铅板上，不过一定要注意，要把瓶口放进水里，这样才能避免外面的空气进去。

生 气泡越来越多了！

师 是的，我先把火焰移开，你可以趁这个时候把另一只瓶子灌满水。

生 我要怎么把这个瓶子倒转过来才能不让水流出来呢？

师 用大拇指堵住瓶口。

生 可是我的大拇指太小了！

师 那你就用手掌或硬纸板等任何平整的东西堵住它，如果有软木塞就更好了①。

生 第一个瓶子已经装满氧气了。

师 我先在水里用木塞把瓶口堵住，然后拿出来放在一边。第二瓶很快就会装满，你快把其他瓶子准备好！

---

① 在收集氧气的实验中，一般使用玻璃片的磨砂面盖住集气瓶的瓶口。

生 真没想到，一点点氯酸钾就能放出这么多氧气！现在，第六瓶也快装到一半了，可是好像没有氧气出来了。

师 没错，现在已经没有氧气出来了，所以我要赶紧把玻璃管从水里取出来，否则水就有可能会流回滚烫的烧瓶中，那就麻烦了。

生 这可真周全呢！

师 做实验的技巧，就是要能自然而然地想到这些情况。现在，我们把之前没有做过的事情做一下，那就是计算氧气的密度。

生 计算？那得先测量吧？

师 测量的工作已经做好了。我在实验中用了 10 克氯酸钾，其中含有 4 克氧，准确地说是 3.9 克。我们知道每个瓶子的容积是 0.5 升，这个你看瓶底的标识就知道了。我们一共得到了不足 3 升的氧气，每升氧气的质量大约是 1.3 克，或者说每立方厘米氧气的质量大约为 0.0013 克，所以氧气的密度约等于 1.3g/L。

生 真没想到这么简单！

师 虽然简单，但我们算得并不准确，我只是想告诉你这种计算方法，并不是提供一个精确的数值。

生 我还有一个问题，虽然您直接告诉我 10 克氯酸钾中含有 3.9 克氧，但是您并没有告诉我这是怎么量的呀！

师 这很简单啊，你只要在实验前后分别称出装有氯酸钾的试管的质量就知道了。

生 我懂了，减少的质量就是跑出来的氧气的质量。

师 没错，你现在就是在运用质量守恒定律。

生 原来我刚刚用了一条定律，但是我自己都没察觉呢！既然我们可以得当地运用定律，那为什么还要去发现和学习它们呢？

师 你这次只是凑巧用对了而已，用错定律这种事情是经常发生的，所以我们要正确地表述定律、自觉地运用定律。现在你可能会觉得麻烦，但是等你真正掌握了，那么每当你学到一点儿新知识，你自然就会把它当作某一个定律的具体例证了。

生 不知道我能不能学到那种程度呢！

师 先不管那么多了，我们继续讨论氧气吧。当我把氧气排进水里的时候，你有没有发现什么特别的现象？

生 没有。

师 氧气的气泡在水里上升的时候，大小没有变化，这就证明氧气不怎么溶于水。

生 气体可以溶解在水里吗？

师 当然可以！汽水就是一例，它在瓶子里是澄清的，但是当你把它倒出来，溶解在水里的气体就释放出来了。

生 没错，我见过这个现象。气体为什么会在我们倒汽水的时候跑出来呢？

师 因为压力越大，溶解在水里的气体也就越多。汽水在瓶子里受到的压力比较大，但是当你打开瓶盖时，压力瞬间下降，汽水里的气体就跑出来了。

生 原来是这样啊！怪不得打开汽水瓶子的时候会发出声音，还会出现很多泡泡。那汽水里面是一种什么气体呢？

师 是二氧化碳，和木炭在氧气中充分燃烧时所产生的气体是一样的，以后我们会学的。

生 那我可以用烟自制汽水了。

师 那可不行，烟里面除了二氧化碳，还有氮气和其他难闻的东西。

生 哈哈，我是开玩笑的。

师 不过我们也可以正经地聊一下这个问题。如果二氧化碳很有价值，那我们一定会想办法把它从烟里面提取出来并加以净化，但是这些工序太麻烦了，而且需要耗费金钱，所以我们可以先思考一下，能不能用更简单省力的方法来获取它呢？化学工业有一部分就是为了寻找这个问题的答案。氧气在水里的溶解度非常小，水只能溶解相当于自身体积的五十分之一的氧气，却可以溶解跟自身体积相同量的二氧化碳。

生　如果给它加压呢？

师　如果你把一种气体压得越厉害，那进入同一空间的气体也就越多，溶解在水里的气体也就越多。但是这个溶解度和温度也有关系，温度越高，溶解在水里的气体也就越少。井水在房间里放太久了，会发生什么现象？

生　您是说玻璃杯上的那些气泡吗？

师　是的，清凉的井水在室内升高温度之后，一部分气体就会跑出来。这些气泡由小变大，最后冒出水面。到目前为止，我们研究的都是装在瓶子里的氧气与其他物质所发生的各种反应，现在我们将要学习自由状态下的氧气。

生　我很好奇。

师　氧气是空气的成分之一，它是一种有用的成分，这一点你早就知道了。空气中还有另外一种气体叫氮气，动物在氮气中无法生存，物质在氮气中也无法燃烧，所以有人叫它"窒素"。空气无处不在，所以氧气也几乎无处不在，它每时每刻都在和它所遇到的一切物质进行化合，这种情形已经有几千万年的历史了，所以地球上到处都是其他元素和氧气所形成的化合物，我们周围的大部分物质也都含氧。任何元素与氧气所形成的化合物，在德语中都叫作 Oxyde[①]。

---

① Oxyde 的意思是氧化物。下文中的 Oxygenium 和 Sauerstoff 都指氧气。

生　这个名词有什么来头呢？

师　它是从 Oxygenium 这个名词演变而来的。Oxygenium 来自希腊语，和德语里的 Sauerstoff 是同一个意思。

生　那德语里的 Sauerstoff 又是从哪里来的呢？氧气根本不是酸性物质啊①！

师　但是很多酸性物质含有氧元素，所以以前人们认为所有酸性物质都离不开氧，这个看法后来被证实是错误的。

生　为什么后人还会继续使用这个名词呢？

师　因为现在我们提到它的时候，不会联想到它原来的含义，而且它的影响本身就不大，没有必要去改动它。让我们回到原来的问题。冬天我们可以通过燃烧燃料来取暖，也可以用燃料使机器发动，可以说，人类生存的一切活动都可以通过燃料的燃烧来实现。而燃料之所以可以燃烧，是因为它们与氧气之间的化合反应，你知道这个反应是怎么实现的吗？

生　这我之前学过，我还记得呢！燃烧是一种化学反应，这个反应发生时会释放出能量。

师　你能记得这个知识点，我很高兴。现在你来猜猜，储藏在地窖里的煤为什么不会烧起来？

生　因为我们没有点燃它。

师　点燃指的是什么呢？

生　就是在煤的旁边点燃其他东西，直到煤也燃烧起来。

师　你应该知道这样回答是不全面的吧？你把一些东西放在煤的旁边去烧，这和煤有什么关系呢？

---

① Sauer 有"酸性的"之意。

生　哦，我知道了！煤的温度会升高，升到一定程度就会燃烧。

师　这就对了。只有热的煤才会和氧气产生化合作用，冷的煤是不行的，所以煤在地窖里不会烧起来。但是我要告诉你：堆在一起的煤，即使没有人去点燃它，它也有可能自动燃烧。煤堆在一起的时候，它们的内部温度会逐渐上升，如果我们不及时把它们分开，它们就会自动烧起来。

生　我不太明白，里面的热是从哪里来的？

师　这个问题问得不错，热是因为燃烧产生的。

生　可是煤不是先慢慢变热然后才燃烧吗？

师　不，煤一直都在燃烧，不过在低温条件下它燃烧得非常缓慢，温度升高得也十分有限，所以我们看不出它在放热。如果把煤堆在一起，热量不能及时散发，温度就会越来越高，最后就会燃烧起来。

生　真是想不到，煤在地窖里居然还能自燃！

第十七课｜氢气

师　今天我们要讲氢气。你还记得这名称是怎么来的吗?

生　因为它从水里产生,所以才有这个名称①。

师　你回答得还不够好。你应该说:因为我们可以用水制取氢气,所以才有这个名称。氢是组成水的一种元素,水还含有什么元素呢?

生　我记得是氧元素。

师　没错! 水是由氢元素和氧元素组成的,也就是说,我们既可以用这两种元素去制造水,也可以用水来生成由这两种元素各自组成的物质——氢气和氧气。你说说,我们怎样才能用水制取氢气?

生　我不太清楚,也许我们可以把水加热,就像加热氧化汞使它分解为氧气和汞那样。

师　这想法不错,但水加热后会变成什么,你不是知道吗?

生　是的,它会变成水蒸气。

师　对啊! 可水蒸气只是水的另一种形态。

---

① 在德文中,水写作"wasser",氢写作"wasserstoff",意为组成水的要素。

生　也许把它烧得厉害点儿就行了。

师　你猜对了。如果我们把水烧得特别厉害，那它确实会有一部分分解为氢气和氧气，可是它们在冷却时就会重新化合成水。所以我们只能用一种特殊方法，才能证明它确实发生过分解，不过氢气和氧气都是气体，我们用这种方法得到的是它们的混合体，而气体的混合体却不容易分开。

生　那我们只要想办法去除氧气就可以了。能不能让它像从氧化汞里分解出来的汞那样变成液体呢？

师　那就得把氧气和氢气的混合体冷却到零下 180 摄氏度，这太不方便了。我告诉你另一种方法：我们可以让氧气跟另一种物质化合，从而把它分离出来，这种物质的选择有一个标准，就是它和氧气生成的化合物一定不能挥发。

生　我没听懂。

师　听我讲你就懂了。我们让水蒸气通过烧红的铁——你知道铁喜欢跟氧气化合的。

生　是呀，铁燃烧时火星四射，好看得很呢！

师　所以当水蒸气通过烧红的铁时，其中的氧气会与铁发生反应，生成四氧化三铁，而氢气则被剩了下来。四氧化三铁是一种固体，铁原来在什么地方，它就在什么地方，是不会移动的；而氢气却是气体，会继续向前流动。这样我们就可以将纯粹的氢气收集起来了。

生　但我总觉得这很奇怪。

师　我来给你打个比方。氧气相当于一根骨头，氢气相当于一只猫，铁相当于一条狗。那根骨头（氧）原本是猫（氢）的，后来狗（铁）跑来把它抢走了，所以猫（氢）只能空手而回。

生　这么说，是因为铁比氢气强，所以才能把氧气从它那里夺走。

师　过去，化学家的看法差不多也是这样。你现在听了这个比方，就暂且满足吧，等你以后学得多了，你就会对这些问题有更透彻的见解。

生　我可以看一看您刚才说的那个实验吗？

师　那个实验需要很高的温度，不太好做。假如用锌粉来做，就会容易得多。我先把一点儿锌粉和水装进试管里，再把通气管接在试管上，然后加热试管，加热时会有气体放出来聚集在瓶子里，就跟制取氧气一样。

生　是呀，我看到有气泡冒出来了。

师　现在我们来认识一下氢气。它的外观是怎样的？

生　和空气一样。

师　不错，氢气是一种无色的气体。我现在收集一试管氢气，将试管口凑近火焰，你看到什么了？

生　氢气好像在燃烧，但火焰的颜色很淡。

师　是的，氢气是一种具有可燃性的气体。我再告诉你另一种制取氢气的方法，这种方法很简单，通过它，我们能制取更多氢气。它所用的原料是氢气和其他物质的化合物，这种化合物比水更容易放出氢气，它就是盐酸，或者叫"氯化氢的水溶液"。从这个名称我们可以看出，它是由氯元素和氢元素组成的化合物。

生　这跟食盐里的氯是同一种东西吗？

师　当然是的，世上只有一种氯。这是氯化氢的水溶液，也就是商店里出售的盐酸。

生　看起来跟水没什么两样嘛。

师　但它并不是水。现在我们来做实验吧。这只瓶子里装的是锌片，我用一个双孔木塞把瓶口塞住，一个孔插入长颈漏斗，直达瓶底；另一个孔插入玻璃导管（图23）。我把盐酸倒入长颈漏斗，你看，立刻就有

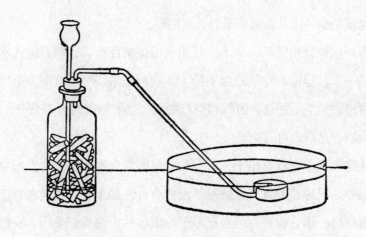

图 23

气体放出来了。

生 赶紧用瓶子来收集氢气吧!

师 别,我先把它收集到试管里。好,第一支已经装满了,我把它从水里取出来,凑到火焰上,它有什么变化吗?

生 一点儿动静也没有,这肯定还是瓶子里原有的空气!

师 没错!我再来试一下。

生 发出了尖锐的爆鸣声!

师 我再来收集几管试试看。刚开始那几管燃烧起来也还是有响声,后面几管就渐渐安静了。现在我们可以把氢气收集在瓶子里了。等放出来的气体变少了,只要再加一点儿盐酸进去,就又有气体放出来了。

生 请您给我讲讲其中的道理!

师 好,首先来讲为什么用锌和氯化氢的水溶液可以制取氢气。其实,这跟用水蒸气和铁来制取氢气是同样的道理。因为相比于氢,氯化氢里的氯更愿意跟锌在一起,所以氢就被抛下,从而变成氢气放出来。这个实验在常温下就能做,很方便。

生 这我明白，可是爆鸣声是怎么来的呢？

师 看，这试管里装了一半水。我用大拇指堵住管口，倒着放入水中，这样一来，里面的空气就跑不掉了。我再把燃烧时没有声音的氢气装半管进去，然后把这管氢气和空气的混合物凑到火焰上去……

生 天呐，这声音可真响！

师 从这一点你可以看出来，氢气和空气的混合物点燃时会发出尖锐的爆鸣声，而纯净的氢气燃烧时却没有声音。如果将这种混合物在玻璃瓶里点燃，那它极有可能会把瓶子炸成碎片，使我们受伤。我们制取氢气时，实验装置里原本就含有空气，所以刚开始总会形成这种危险的混合气体，只有等空气完全被氢气赶走了，我们才能收集到纯净的氢气。所以每当我们要用氢气时，一定要先检验它的纯度，看看它燃烧时有没有爆鸣声，我们一定要等到它安静下来，才能把它收集起来。

生 这么说，这种爆鸣声原是空气在氢气中的一种作用。

师 对啦，现在我们继续讲氢气。我装满两试管氢气，一支管口朝上，另一支管口朝下，你猜，哪一支试管可以留住氢气？

生 您提的问题总是会让人上当，我要反着答才是对的。所以我还是选我认为不对的答案：管口朝下放，氢气才不会跑掉。

师 让我们来试一试。我先取管口朝上的那一支，将管口凑近火焰，看它里面的气体能不能被点燃；不行，点不着。再把燃着的木片放进去，瞧，木片还在燃烧，所以里面只是空气。我们再来试试另一支，我把它横着放在火上……

生 我蒙对了！这里面的氢气没有跑掉，但它燃烧时有小小的声音，这倒是奇怪。

师 你还记得我们讲到氢气的密度时，我说过的那些话吗？

生 您说氢气是最轻的气体。可它无论如何都是有重量的，理应下沉才对。

啊，我明白了！它比空气轻，所以会在空气里上升，这就跟木塞在水里会上浮是一样的道理。但它在真空中应该会下沉吧？

师 如果它是一种液体或固体，那你就说对了；但气体会在真空中膨胀，直到均匀地布满整个空间。刚刚这个实验的道理，你现在明白了吗？

生 明白啦！氢气原本想在空气中上升，但因为试管口朝下，它出不去，所以只能留在里面。

师 对啦！因为你回答得好，所以我再做一个好看的实验让你开开眼界，算是对你的奖励。由这个实验，你可以对氢气产生进一步的了解。我这里有一点儿肥皂水。现在，我用橡皮管把一根玻璃管接在氢气发生器上，在玻璃管里塞一点儿棉花，然后让它通到肥皂水里。

生 氢气发生器还会吹泡泡呢！

师 没错，现在我让它吹个大的！你看，肥皂泡脱离了玻璃管，像气球一样飞上去了。

生 真好看！不过您为什么要在玻璃管里塞棉花呢？

师 如果不这么做，氢气就会从瓶子里带走很多盐酸小液滴，盐酸小液滴碰到肥皂泡，就会把它们弄破。在玻璃管里塞棉花，可以挡住那些盐酸，使它们无法进入肥皂泡里。

生 商店里卖的那种五颜六色的气球，里面装的也是氢气吗？

师 是的。

生 我买过一个，它在第一天升得很好，第二天就差了一些，后来它就再也不肯上升了。难道是氢气在里面慢慢变重了吗？

师 不是，因为氢气是一种很小的物质，所以它不能长期待在薄薄的气球里。氢气从气球里面跑出来之后，会有一部分空气进入气球。

生 原来是这样啊，所以气球也会越变越小。我以前还以为是口子没扎紧呢！

师　没错，也正因为这样，飞船才需要时时更换新鲜氢气。其实，氢气在任何容器里装太久都不是好事，因为它会慢慢跑掉，空气进入容器之后，很容易形成氢氧"爆炸气"。

第十八课 | "爆炸气"

师　关于氢气，你昨天学了些什么？

生　我学会了把氢气从它的化合物里置换出来，比如从氢元素和氧元素构成的水中，我们可以用铁或锌把氢气置换出来。

师　还有呢？

生　我们还可以用盐酸和锌来制取氢气。锌把氯占了去，氢气就放出来了。

师　氢气有什么性质呢？

生　它和空气一样没有颜色，但比空气更轻，至于轻多少，您倒是没有告诉我。

师　氢气的密度大约只有空气密度的 $\frac{1}{14}$，1升氢气的重量还不到 $\frac{1}{11}$ 克呢！你还知道哪些关于氢气的知识？

生　它能在空气中燃烧。如果把它和空气混在一起，那么，它被点燃时就会发出爆鸣声。

师　不错。那么氢气燃烧之后又会变成什么呢？

生　这一点您没有告诉过我。

师　你要自己去发现才行。想一想，燃烧时会发生什么反应？

生　燃烧时那些东西会跟空气里的氧气化合。

师 没错，那么氢气跟氧气化合之后会生成什么东西呢？刚才说的关于氢氧化合物的话，你不记得了吗？那个化合物是什么？

生 难道是水吗？

师 对，我们马上就可以做这个实验。蜡烛燃烧会生成水，你还记得我是怎么做这个实验的吗？

生 记得。您把一个玻璃杯罩在蜡烛上面，过了一会儿杯壁上出现了水珠。

师 我们也可以用氢气来做这个试验。我把一根尖嘴玻璃管连接在这套仪器（图24）上，然后点燃从里面出来的氢气。你看，杯壁上立刻就有水珠了。

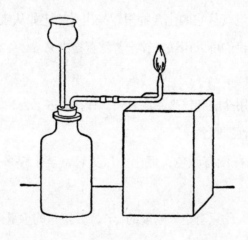

图 24

生 这种尖嘴是怎么做的？

师 先把玻璃管放在火上转动，等它烧软之后再将它拉长，然后用玻璃刀切掉多余的部分，这样，一根尖嘴玻璃管就做成了。

生 让我来试一下。现在玻璃管已经烧软了，我把它拉长……哎呀，怎么拉得像头发那样细啦？

师 你拉得太快太用力了。不过这也还是玻璃管，因为你拉它的时候，玻璃是不会黏起来的。

生 真的吗？我不相信还有这么细的玻璃管。

师 不信的话你把它放进墨水里再拿出来，你就会看到玻璃管里有黑色的液体。让我们回到氢气上去！氢气不仅能跟氧气化合，还能把氧气从它的化合物中置换出来。你还记得氧化汞吗？它是一种什么样的物质？

生 它是一种红色粉末，是水银和氧气的化合物。

师 没错。现在我把一点儿氧化汞装进与氢气发生器相连的玻璃管里，让氢气通过它，然后小心地将它加热（图 25）。

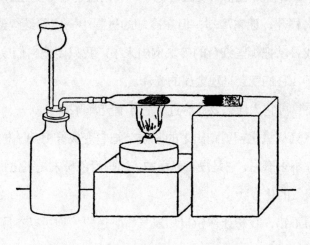

图 25

生 有水银产生了。

师 没错，还有呢？

生 还有像水一样透明的小珠子，它是水吗？

师 是的，这回是氢气从氧化汞中把氧夺过来，和它生成了水，水银也因此被分离出来。

生　所有的含氧化合物都能发生这种反应吗？

师　大部分都是可以的。许多重金属的氧化物，都可以通过这种反应变成金属。这种反应，我们称之为还原反应①。一种金属变成氧化物，就是发生了氧化反应；一种氧化物变成金属，则是发生了还原反应。因为氢气还原了水银，所以我们把它叫作还原剂。你要牢记这些名词啊！

生　我又学到了好多新知识。

师　我还要做一些实验给你看，好让你进一步理解。这些黑色粉末是氧化铜——铜在空气中烧得太久，很容易变成氧化铜。我在玻璃管里装一些氧化铜，使氢气通过它，然后把它加热。你看到铜出现了吗？

生　看到了，那些黑色粉末变成红色了，它附近的管壁上还有水珠凝结。

师　我把火移开，让它冷却，但在冷却的过程中一定要继续通入氢气②。现在我可以把那些红色的碎块倒出来了。我只要把它们放在乳钵里研磨一下，它们就会呈现金属的光泽。

生　真好看！可它为什么要在磨过之后才有光泽呢？

师　因为氧气从氧化铜里跑出来的时候，把它变成像海绵一样的东西了，所以你不去磨它，它是没有光泽的。这些黄色粉末是氧化铅，它是……

生　铅跟氧气的化合物。

师　你说得不错，我想让你亲自用氢气将它还原，你可以参照刚才的操作过程去做这个实验。

生　有像水银一样的亮珠产生了，那是铅吗？

---

① 从得氧失氧的角度来说，物质跟氧发生的反应叫氧化反应，含氧化合物中的氧被夺走的反应叫还原反应。

② 这样做的目的是防止空气进入，导致灼热的铜再次被氧化。

师 是的，因为铅很容易熔化，所以我们很快就得到了液态铅。如果把它们倒在纸上，它们就会凝结成一种柔软的金属——这是铅的性质。现在我们要来做一种特别的实验。这是三氧化二铁，是我们之前把铁粉放在空气里燃烧得到的，现在我们用氢气把它还原。

生 这怎么可能呢？您昨天告诉过我，铁可以从水里取走氧气而赶走氢气，所以它比氢气强，为什么现在氢气又会比铁强呢？

师 即使是看起来不可能的实验我们也得去做，因为我们得出的每一个结论都有可能是错误的，所以必须通过实验来验证。

生 哦，那我得看仔细了！您看，除了那些碎块变得更黑了，什么现象也没有发生。

师 你仔细看看，管子里离碎块稍远的地方有没有什么东西？

生 哦，那里好像有水滴了。

师 我让玻璃管冷却下来，同时继续通入氢气。好了，现在你把那黑黑的东西倒进乳钵磨一磨。

生 它也变得有光泽了。

师 所以它是金属铁呀！

生 为什么会有这种矛盾呢？我一直以为定律是万能的。

师 那你觉得哪一条定律在这里被打破了呢？

生 一种力不能同时大于而又小于另一种力！先前是铁比氢气强，现在又是氢气比铁强，这难道不是一种矛盾吗？

师 这是因为你把力当成了发生化学反应的原因，所以才会认为它是矛盾的，但力在这里既无法被证明，也无法被测定。

生 那到底是什么原因呢？

师 这个问题即使我现在给你答复，你也理解不了。在你想用一种学说概括这些知识之前，你还得学习许多化学知识。

生　但您可以稍微跟我说说，好让我找到正确的方向吗？

师　可以。你就想，一个人可以运走很多水，但是水多了，也会把人冲走。

生　您的意思是说，哪一种物质的量多，它就会在化学反应中占据上风，是吗？

师　差不多是这个意思。我们继续说氢气吧。氢气跟氧气化合时会生成水，氢气还可以把氧气从其他化合物里取出来而生成水，这些知识现在你都已经知道了。不过，在它们生成水的同时，还有别的现象发生。我再把氢气发生器拿来，等空气排完之后，就点燃氢气。你瞧，火焰的颜色很淡。

生　刚开始是淡蓝色，后来越变越亮，渐渐变成了黄色。

师　原因是这样的：玻璃中含有钠，玻璃管烧热之后，钠会蒸发出来，从而把氢气燃烧的火焰染成了黄色。

生　这是为什么？

师　钠加热之后，总是会放出黄色的光，就跟金属铜会反射红光是一样的道理。火焰变黄就是钠的一种反应，没有钠的时候，火焰就不会发黄。

生　但是火焰差不多都是黄色的。

师　这是因为几乎所有燃料都含有钠，少量的钠就能使火焰发黄。但我们也能制造一种不带杂色的氢气火焰。这是一小块铂，我用火把它烧软，然后让它紧紧包在一根编织针上，这样我就可以得到一根完全由铂做成的小管子了。我把这根小管子伸进一根较粗的玻璃管里大约几毫米深，然后在它伸进去的地方进行加热。你看，玻璃管与铂贴在一起了。现在，它们完全熔接了，我得到了一根连着铂嘴的玻璃管。接下来，我要把它变成直角（图26）。

生　为什么要用铂呢？

师　因为铂既不容易熔化，又不容易发生化学反应。如果我把玻璃管带铂的这一头连接在氢气发生器上，就算氢气烧上好几个小时，火焰也不会变黄。现在我把一根铂丝放在氢气火焰上，你看到了什么？

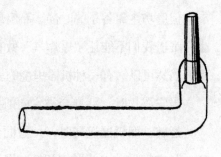

图 26

生　它发出了很亮的光，火焰好像也很热。

师　没错。正在燃烧的东西，它的温度越高，发出的光也就越亮。但气体并不是这样，比如氢气火焰就是无光的，虽然它能使所有固体发出强烈的光。

生　所有固体？

师　对，所有固体，只要它们不熔化或者蒸发。这是煤气灯罩上的一块碎片，你看，它发出的光有多亮！一根铁丝起初也是发光的，但很快就会熔化。那么我问你，火焰里除了水还生成了什么东西？

生　还有热。

师　没错，热是什么？最近我们讨论燃烧时所说的话，你还记得吗？

生　记得，您说过它有自己的专有名称，好像是"能"吧。

师　没错，能是什么？

生　能可以通过做功产生，做功也需要能。但是燃烧的氢气里怎么会做功呢？

师　氢气和空气的混合体能发生剧烈的爆炸，你不是听到了吗？而且我还跟你讲过，它可以把玻璃炸得粉碎。要炸碎玻璃，不做功怎么行呢？

生　这种做功倒是好笑。如果我把家里的玻璃杯打碎了，还说这是做功，那妈妈肯定会给我点儿颜色看看！

师　那当然也是做功，因为你得出力呀！不过刚刚你说的只是一种无用功。

但磨坊主碾谷子的时候，石磨所做的功便是有用的。

生　难道我们不能让"爆炸气"做有用的功吗？

师　当然可以。有一种机器里烧的就是空气和煤气混合而成的"爆炸气"。当它爆炸时，活塞会被它向前推动，再经过一系列作用最终推动机器运转。而机器运转时，一方面会把废气排出来，另一方面又会把煤气和空气吸进去，形成新的"爆炸气"，使其再次爆炸，所以活塞每次都会受到这种强大的推动力。

生　汽车和摩托车上装的也是这种机器吗？它们的声音也是这样的。

师　差不多，不过它们用的"爆炸气"是用苯制造的。

生　这么说，任何东西都可以制造"爆炸气"吗？

师　只要把具有可燃性的气体或蒸气与燃烧所需的空气混合起来，就可以得到一种"爆炸气"。因为只有这样，火焰才会一下子传遍全部气体，从而使它燃烧起来。

生　我明白了。

师　我们用什么方法可以使氢气火焰的温度比现在更高呢？对于氢气在空气里和在纯净的氧气里的燃烧，我说过什么话？

生　我记得。如果让氢气在纯净的氧气里燃烧，那么，空气中的氮气就不会分走一部分热量，这样火焰就会更热了。

师　没错！那你打算怎么操作呢？

生　让氢气在装着氧气的瓶子里燃烧不就行了吗？

师　行是行，但不方便。只要把氧气加入正在燃烧的氢气里，就能得到很高的热。

生　这该怎么做呢？

师　我们可以在一个空橡皮球里充入氧气，挤压橡皮球，氧气就会从里面流出来。现在，我来做一个气柜给你看。这里有两个很大的玻璃瓶，每个玻璃瓶上都有一个木塞，每一个木塞上都钻了两个孔。一个孔里插着一根通到底的导管，另一个孔里插着一根弯曲的玻璃管（图27）。用一根橡皮管连接两个瓶子的导管，其中一个瓶子装满了水。

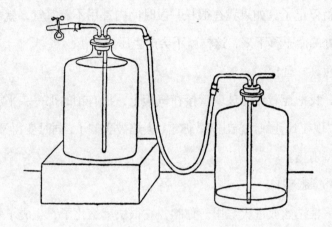

图 27

生　我想不出这东西有什么用。

师　你仔细看着！我现在把氧气发生器和装满水的那个瓶子里的玻璃弯管连接起来，同时把另一个瓶子放在较低的地方。只要把氧气发生器加热，使它产生氧气，那么氧气就会跑到位置较高的那个瓶子里，从而使里面的水通过橡皮管流到位置较低的瓶中。

生　这还挺好看的。

师　现在位置较高的瓶子里已经充满氧气了。我把氧气发生器拿开，用一个弹簧止水夹夹住套在玻璃弯管上的橡皮管。

生　这是什么东西？

师　是一种用金属制造的夹子，它能夹住橡皮管使它闭合。这种弹簧止水夹很容易制造，而且比螺旋止水夹夹得更紧，所以在化学实验室里十分常见。

生 简单又实用，确实不错！

师 我们可以控制氧气的流量：只要把装水的瓶子放得高一些，打开弹簧止水夹，氧气就会随着水压的大小或快或慢地流出；夹上弹簧止水夹，气流就停止了。如果我在很长一段时间内都用不着氧气，就可以把放在高处的瓶子移下来，这样就不会产生压力差了。

生 这东西真好玩！

师 现在，我把连着铂的玻璃管接在气柜上，把有铂的那一头平放在酒精灯上。现在我让氧气流出来；你看，火焰被吹偏了，同时变得又小又尖，而且特别热。

生 还格外耀眼呢！

师 我把一根铂丝放进火焰里。你瞧，它很快就熔化了，生成了一个漂亮的小球，如果我烧得再久一些，它就会落下来。

生 它亮得让人无法直视。但您不是想展示氢气的热度吗？

师 为了得到真正的氢气火焰，我们必须把氢气发生器做得更大、更实用。如果按照现在所用的这种装置来做，当你加入新盐酸的时候，氢气出来得太快，到了后面又会太慢，所以我们无法得到均匀的火焰。现在我们另外做一个氢气发生器，让它放出来的氢气恰好能满足我们的需求。

生 您准备怎么做呢？我有些好奇。

师 我把两个有木塞和玻璃管的瓶子完全按照氧气气柜那样组装起来，不过瓶子要小一点儿。一个瓶子里放锌，另一个瓶子里放稀盐酸，将后者放在高一点儿的地方。现在，如果我把放锌的瓶子上的弹簧止水夹打开，那么盐酸就会流到锌上面而产生氢气。

生 但是什么都没有出来啊！

师 因为导管里还没有充满盐酸，所以还不能发生反应。只要我吹一吹装稀盐酸的瓶子上的短管，立刻就会发生反应了。

生 真的呢，稀盐酸起泡了，但为什么还要在锌的下面铺一层小石子呢？

师 你等会儿就会明白了。现在，我把弹簧止水夹夹上，你看到什么了吗？

生 稀盐酸从导管流回位置较高的那只瓶子里去了。啊，我明白了！不能再流出来的氢气把稀盐酸从下面的瓶子压到上面的瓶子里去了。

师 没错，但瓶底不平，所以稀盐酸无法全部流回去。如果没有小石子铺在锌的下面，锌就会和剩下的盐酸继续发生反应。

生 真神奇！

师 现在，我来检验一下我的氢气是不是已经纯净了，因为要等它变得纯净之后，我们才能点燃它。我用止水夹把火焰大小调到适中，为了做到这一点，我们需要使用螺旋止水夹（图28）。现在，我把冒着氧气的铂嘴通进去，你看，火焰又变得又小又尖，铂丝比以前熔化得更快了。如果你把钟表上的钢发条的一端放在火上，它起先会烧得白热，然后就会产生很好看的火光，就像把它放在氧气里燃烧一样。

生 这火光真漂亮！

师 所以说，纯净的氢气跟纯净的氧气构成的火焰——也就是"爆炸气"的火焰，的确是很热的。

生 这应该是我们所能制造的最高的热度吧？

师 不是，它的热度还不到2000摄氏度，而弧光灯放出的热却能超过3000摄氏度。不过比起火炉里的热度，它也不算低了。

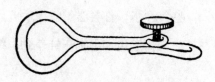

图28

生 今天我真是长见识了！

第十九课 ｜ 水

师　水是由什么构成的，又是如何由它们构成的，我们已经讨论过了。今
　　天我们要来讨论水的本身。水覆盖了地球表面的大部分面积，这一点
　　你是知道的。

生　是的，大约是七分之五的样子①。

师　但是江河湖海里面的水都不是纯净的，里面含有许多杂质。

生　海水里含有盐，这我知道，但我不知道其他水里也含有杂质。

师　你怎么知道海水里含有盐呢？

生　海水是咸的。

师　没错。其他的水，比如雨水和泉水，它们的味道都是一样的吗？

生　不是，我尝过一次雨水，味道很差。

师　所以，你可以通过不同的味道来断定它们是否含有其他物质。这是一
　　些纯净水，你尝尝看。

生　它的味道也和雨水一样差劲。纯净水是怎样制造的呢？

---

① 准确地说，水覆盖了地球表面71%的面积，其中有96.5%是海水，3.5%是淡水。

师 通过蒸馏制造，也就是先使水变成水蒸气，然后使水蒸气冷却，变成液态水。

生 为什么这样水就能变成纯净水呢？

师 一般水里面的杂质是不会挥发的，也就是说它们无法变成气体。现在，我在普通的饮用水里面倒一些墨水，让你能够很明显地看出它是有杂质的。如果我把这黑色的液体蒸馏一下，那我就能得到清澈的纯净水。

生 我想看一看这实验是怎么做的。

师 方法有很多，我们先用最简单的来做。我把掺了墨水的饮用水倒进一只烧瓶里，再用一个有孔的木塞塞住瓶口，把一根玻璃导管插进孔中。现在我们开始加热烧瓶，直到水沸腾为止（图 29）。

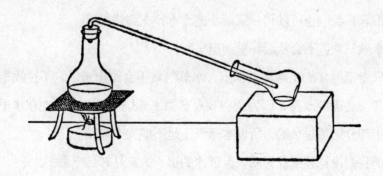

图 29

生 水蒸气升到导管里去了，有水珠从导管里流下来，确实是清澈透明的。

师 我们再用另一只烧瓶放在导管下端，将蒸馏水收集起来。

生 这只烧瓶里的水蒸气不再凝结了。

师 为什么呢？

生 因为烧瓶太热，水蒸气没法再冷却了。

师 没错。所以，如果我们想要蒸馏，一定得准备一个冷却器才行。我可

以先用一个简单的办法：把装了冷水的瓷盆放在烧瓶下面，这样烧瓶就冷却了。

生 但这些水变热之后该怎么办呢？

师 那我们的实验就得停止了。在这里，你可以看到一个对化学工业具有重要意义的事实：所有工作必须连续不断地进行。要达到这个目标，必须不断地补充消耗掉的东西，并不断地移走多余的东西。在这个实验中，被消耗的是什么东西？

生 变成水蒸气的水。

师 是的，除了水，还有蒸发时所必需的热也被消耗掉了。那什么东西是多余的呢？

生 盆里的温水。我们可以用一个导管把它引出来，再加入新的冷水。

师 很好！我们也可以用一只漏斗把冷水补充到烧瓶里。

生 水蒸气难道不会从漏斗里跑出来吗？

师 只要把漏斗的下端浸入水里，水蒸气就不会跑出来了。不过我们的冷却器还需要改良，因为现在收集蒸馏水的烧瓶只有一半泡在水里，上半部分仍然是热的，所以水蒸气还是不能完全凝结。

生 那我们得把它反复转动，保证冷的那一边总是转到上面去。

师 这样一来，就得再添一个人或一些仪器才能完成这个实验。但我们所需要的只是一个可以自动完成一切工作的冷却器。

生 我们只要不断地把冷水浇在烧瓶上就行了。

师 这个办法稍微好点儿了，但还是有一个缺点：加进去的冷水会跟瓷盆里的温水混合起来，这样我们就得耗费更多冷水。我们就不能做出改良吗？

生 您的要求真多啊！

师 假如我们要解决一个工业或科学上的问题，那我们绝对不能因为已经达到了某种程度就开始自满，我们要时时刻刻发问：不能再改进了吗？还有，当我们发现一个缺陷的时候，也应该同样问自己：要怎样去改进它呢？

生　我想不出什么办法。

师　用这个冷凝管（图30）就可以达到我们的要求。冷凝管由内管和外管组成，内管通水蒸气，外管则用来装冷水。它两头的木塞上面各有两个孔：一个孔留给内管穿过，另一个孔里各自插一根短管。位于下方的短管用于进水，位于上方短管的用于排水。吸水的短管上套了一截橡皮管，橡皮管上装有一个螺旋止水夹，用于调节进水量。

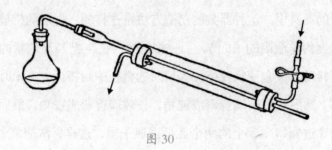

图 30

生　冷水为什么要从下面流进去呢？我觉得如果让冷水立刻跟上面的水蒸气接触应该可以冷得更快一些。

师　你这话刚好说反了。温水比较轻，如果照你说的来做，使冷水从上方流进去，那么已经变热的温水又会升到上面和冷水混合，这样我们就浪费了水。而冷水从下方流进去，那它就能完全发挥作用，使剩余的那部分水蒸气凝结。

生　原来这小小的器具里也藏着这么多道理啊！

师　现在你已经学会对流的第一种应用了。当水蒸气从上方流向下方而渐渐冷却的时候，冷水就会从下方流向上方，渐渐地吸收热量。对流现象很奇妙，你以后还会碰到的。

生　虽然我还不能十分了解，但遇到类似的情况时，我会多加注意的。

师　你看，现在我们已经收集了一些蒸馏水。你可以尝一尝，它的味道跟我之前给你的纯净水一模一样，没有墨水味。

生　泉水虽然没有特别的味道，可是不难喝，纯净水为什么就这么难喝呢？

师　因为我们从小喝的就是含有矿物质的泉水，所以已经喝习惯了。现在，我们要做一个洗瓶了。

生　洗瓶是什么？它有什么用呢？

师　我们做化学实验的时候，必须要用纯净水，因为这样才不会把我们不需要的物质混进溶液里去。为了方便，我们必须把纯净水贮藏在一种简便的器具里。这种器具的制造方法是这样的：先取两根玻璃管，一根长度约是瓶高的 1.5 倍，另一根稍短一些。把长玻璃管的一端放在火上转动，让它变软收缩，等口子的直径缩到将近 1 毫米时，就让它冷却。然后把短玻璃管弯成钝角，长玻璃管弯成锐角。最后让两根玻璃管穿过瓶口木塞上的两个孔插进瓶子里，这样，洗瓶就做好了（图31）。等我把它洗干净了，就可以把蒸馏水倒进去。

生　这东西有什么用呢？

师　如果我朝短管里一吹，水就会从长管里面流出来。我想让它流到哪里，它就能流到哪里。如果我需要更多水，那么只要把瓶子倒立起来，就会有很多水从短管里流出来了。

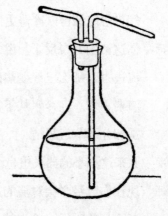

图 31

生　我觉得您为了一个小小的目的所花费的力气太多了。

师　那也未必，因为有了一个洗瓶之后，

平时的工作就会轻松很多，很快你就会知道我现在所做的工作是有意义的。

生 我爸爸对我说过一句富兰克林的名言，说的是在紧急时刻，我们要能把锤子当锥子用。

师 这句话的意思是说我们不应该拘泥于一种方法，而应该随机应变。但权宜之计和正常的工作之间却有很大的差别。当我没有钢笔的时候，我固然可以用一根火柴蘸着墨水写字，但用钢笔写字总归要更快更好，所以我还是喜欢用钢笔而不是用火柴写字。我们越说越远了，言归正传，水的密度是多少？

生 这我记得，水的密度是 1g/cm³。

师 没错。水的密度在 4 摄氏度时等于 1g/cm³，不过在其他温度下，这个数值就要小些。所有物质差不多都会遇热膨胀，只有水在 0 摄氏度到 4 摄氏度之间是遇热而缩的，它在 4 摄氏度以上才会遇热膨胀。

生 这我倒要见识见识！

师 这可以用很多方法来检验。你拿一个木桶，在靠近桶底的地方钻一个洞，洞里放一个木塞，再往木塞里插一支温度计。然后在桶里装满混有冰块的冰水，并在冰水表面放一支温度计（图32）。过一会儿你就会发现，冰水表面的温度计显示的温度是 0 摄氏度，而插在木塞里的温度计显示的却是 4 摄氏度。
你来解释一下这种现象。

生 因为水的密度在 4 摄氏度时最大，而密度大的就会沉在下面。

师 你的话大体是对的，但你还得补充几句。

生 我们不能把它做得简单一点儿

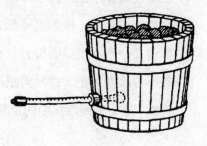

图 32

吗？比如像做温度计那样，把水装进一根下端有玻璃泡的玻璃管里，那样水就会在0摄氏度到4摄氏度之间下沉，从4摄氏度以上又往上升。我们不能这样做一个水温计吗？

师 可以，我们很快就能做出来。这里有一根玻璃管，它的直径在1毫米左右。我把它的一端烧到收缩起来，然后像吹肥皂泡那样往里一吹，玻璃泡就形成了。我再用一个木塞穿过玻璃管的上端，往木塞上套一段比较粗的玻璃管，在里面倒一些水（图33）。我把玻璃泡稍微加热一下，水面上立刻就有气泡冒出来了。我再让它冷却下来，你瞧，有一点儿水被吸进玻璃泡里了。现在我把它加热至水沸，然后把火移开，看，水直朝玻璃泡里冲呢！现在，玻璃泡已经装满水了。

生 那我怎样才能把刻度标在上面呢？

师 可以用油漆把尺子或毫米纸粘在玻璃管上，等水温计的示数在室温下固定下来之后，就取走上端的粗玻璃管。现在，我把它和另一支温度计一起交给你，你把它们系在一起，但要保证我们能清楚地看到它们的刻度。然后把它们放在一个比较大的水杯里，把温度计和水温计的示数都记录下来。然后你在水里放一点儿冰，使水温降低2摄氏度左右，把它好好地搅一下（至少要搅五分钟），直到水温计的示数不再改变为止，那时再把示数记录下来。你照这样做下去，直到水杯中的水降到0摄氏度就可以了。

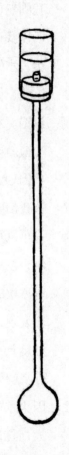

图 33

第二十课 | 冰

师 昨天你了解了水的几种性质，其中哪一种让你印象最深？

生 水的最大密度以及与它相关的几个实验。我们用水桶检验过，结果一点儿也没错。

师 是的。水在 4 摄氏度时密度最大，这一点对于自然界来说关系重大。

生 这小小的差别，为什么对自然界关系重大呢？

师 当一种静止的水，比如湖水，冬天的湖水从湖面开始变冷，已经变冷的水最初会不断地下沉，直到全部的水温达到 4 摄氏度为止。但到后来，湖面的冷水渐渐结冰了，而下面的水却依然保持 4 摄氏度的温度，正和你用木桶做的实验一样。

生 所以鱼就不至于挨冻了。

师 这倒是次要的，更重要的是，如果不这样，冰就会沉在湖底，这样一来，就不是湖面结冰，而是整个湖都结冰了，最后鱼都会冻死，而春天开冻也需要更长的时间了。不过在冬天，水流湍急的河流，温度往往也能达到 0 摄氏度而形成水底冰。当水底冰大到一定程度时，便会浮上水面。

生 我过去一直以为冰是浮在水面上的，所以湖面才会结冰。

师 这一点也可以防止湖水全部结冰。说到这里，我想到了冰的性质。水在0摄氏度会变成冰，这一点你是知道的。但我现在要做一个实验给你看，证明这不一定是对的。如果我把捣碎的冰和少量食盐混合起来，温度就会降到0摄氏度以下，而且食盐加得越多，温度也就越低。你把水温计和温度计都拿给我。现在，这些混合物的温度是零下5摄氏度，我把水温计放进去，让里面的水变冷。

生 水会把玻璃泡冻破的！

师 破了你就再吹一个新的。但是你看着吧，它不会这么快就结冰的。

生 为什么呢？

师 在没有现成的冰加进去之前，就算水温低于0摄氏度，它也不会结冰。但只要它跟冰一接触，便会立刻结冰。

生 为什么？抱歉，我应该问："这跟什么有关呢？"

师 这个问题有点儿难。水和冰混在一起时，温度总是保持在0摄氏度，这你是记得的。如果单独把水的温度降到0摄氏度以下，这时虽然有结冰的可能，但是缺乏必然性。这是一种很常见的事实：即使万事俱备，可以产生某种新物质或新形态，但这种作用通常不会自动发生。

生 您这只是叙述，并没有说明其中的问题。

师 一点儿也没错。现在，你已经知道了这种现象在什么情况下会发生，它的性质是什么样的，你还不知足吗？等你学到更多化学知识之后，你自然就会明白更深层的原因了。为了便于以后讨论，我把这个现象的名称告诉你。对于水来说，这种现象叫作"过度冷却"。

生 我要学的东西太多啦！

师 学无止境。冰是浮在水面上的，根据这一点，你能得出什么结论？

生 冰比水轻。

师 你认为水在结冰时会失去重量吗？

生 不是……我的意思是被冰挤走的水比冰更重。

师 当水结成冰的时候，冰的体积远远大于原来水的体积，这也是水的一种特性。其他物质在凝固时都会缩小，所以固体在它们的溶液里总是下沉的。

生 这跟水在 4 摄氏度下会膨胀的现象有关系吗？

师 有很多人想过这个问题，但至今还没有确切的答案，或许它们是有关系的。水刚开始结冰时的情形，你有没有仔细观察过？

生 您是说水结冰结得还不多的时候吗？那时水面上形成的是针状的冰，水坑里就经常发生这种现象。

师 那是晶体，因为冰原本就是水分子有序排列而成的结晶。

生 我见过许多次很大的雪花，它们就像发出了六根射线的星星和六角形的薄片一样。

师 没错。这里有几张雪花的图片（图 34）。另外，窗户上结的冰花也是冰晶呢！

生 但是它们的样子不规则。

师 因为水在玻璃上凝结得太快了，所以无法形成完美的晶体。

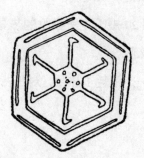  

图 34

往　那霜也是由晶体构成的吗？

师　是的，就连水面上的冰片也
　　是晶状的，这一点用精密仪
　　器观察一下就知道了。现在
　　我们来讨论一下冰的融化。
　　我先把一块方形的厚铁板放
　　在三脚架上，三脚架下是一
　　盏正在燃烧的酒精灯。然后
　　我再拿两只一样的烧杯或烧

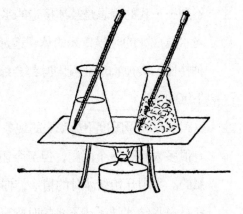

图 35

瓶，一个用来装冰，另一个用来装与冰等重的 0 摄氏度的水。装好之后，
把它们对称地放在铁片上，使它们可以获得相同的热量。最后再往每
只烧瓶里放一支温度计（图 35）。

生　您要我观察什么呢？

师　你看看放冰的那个杯子里的温度是不是没有升高？

生　怎么会这样呢？

师　你看，水里的温度计已经从 0 摄氏度升到 20 摄氏度了，可冰里的温
　　度计却没有任何变化。

生　对啊，因为水和冰混合在一起的时候，温度就是 0 摄氏度。

师　没错，不过冰吸收的热与水从 0 摄氏度升到 20 摄氏度所吸收的热是
　　相等的，可它的温度却没有升高，这是为什么呢？

生　因为有一部分冰融化了。所以说，冰融化时一定消耗了热量，对吗？

师　正是这样。热是什么？

生　热是一种能，使冰变成水是需要能的。

师　在没有创造出能的概念时，人们对这件事感到很惊讶，他们觉得这种
　　热虽然不能通过温度计显示出来，但它确实是存在的，只是潜藏起来

了，所以把它称作"潜热"。现在，人们虽然用正确的观念取代了以前错误的观念，但这个名字依然适用。

生　我想知道得更详细一些。

师　通常为了改变现状，一定要消耗能才行，这你是知道的。同样，冰融化时也需要消耗能，而这个过程只要加热就能完成了。

生　我们还能用别的办法来完成这个过程吗？

师　当然可以。使两块冰块相互摩擦，它们也会变成液体。你看，水杯里的冰已经融化了，温度也稍稍高于 0 摄氏度了，而水杯里水的温度也接近 80 摄氏度了。现在你记住：在 1 个大气压下，1 克水升高 1 摄氏度所需的热量，我们称之为 1 卡（1 卡 =4.186 焦耳），缩写为 cal。如要使 1 克水升高 80 摄氏度，那就需要 80 卡，如要使 200 克水升高 30 摄氏度，那就需要 $200 \times 30 = 6000$ 卡。所以热量可以通过升高的温度数（以摄氏度数计算）乘水的质量（以克计算）来计算。

生　我明白了。那水冷却时又会怎样呢？

师　水冷却时会放热，放出的热量等于温度差与水的质量的乘积。在我们刚刚做的实验里，使水升高 80 摄氏度所用的热，和使与水同重的冰融化所用的热，两者是相等的，因此每克水和每克冰所吸收的热都是 80 卡。这样看来，要使 1 克冰变成 0 摄氏度的水，需要 80 卡热量。换句话说，80 卡就是冰的潜热。

生　但这个数值只适用于 1 克冰啊。

师　说得没错。我们之所以喜欢把单位质量对应的数值作为标准，是因为以后只需用它去乘以重量，就能得出该质量应有的数值。我们现在就来应用一下。将 500 克水倒进一个玻璃杯里，用一支温度计测出它的温度刚好是 18.7 摄氏度。再来称一块冰，它的重量是 34 克。把冰放入水中，用一支温度计小心地搅它，直到冰融化为止。好，温度跌到

12.4 摄氏度了。现在我们来计算冰的潜热。

生　让我试试。500 克水从 18.7 摄氏度降到 12.4 摄氏度，温度差是 18.7 － 12.4=6.3 摄氏度，再用 500 乘以 6.3，得到的结果是 3150 卡。这些热量融化了 34 克冰，所以每克冰用去了 3150÷34 ≈ 93 卡。对吗？

师　差不多是对的，但没有全对。因为所谓的融化热，其实是指 1 克温度为 0 摄氏度的冰融化为温度也是 0 摄氏度的水所吸收的热。但这些冰在实验结束时并不是 0 摄氏度，它和原来的水混在一起时的温度恰好是 12.4 摄氏度。所以你把融化热算多了，实际上它并没有这么多。

生　这我知道，但怎样才能算对呢？

师　那得多方考虑。500 克水失去了 3150 卡热量固然没错，但其中有 34×12.4=422 卡是为了使 0 摄氏度的水上升至 12.4 摄氏度所用去的，所以只有 3150 － 422=2728 卡是用于使冰融化的。用这个差值除以 34，得到的结果大约就是 80 卡了。

生　我明白了，做实验并不难，难的是得出正确的结果！

师　我们离正确的结果还远着呢！因为变冷的不仅是 500 克水，还有温度计和玻璃杯，这一点我们还没有考虑到呢。而且玻璃杯和冷水在室温下是会变热的，所以冰融化时也有热从外部进去了，因此我们得到的结果实际上偏高了。我们应该考虑的还不止这些呢，但我不能说了，否则该把你弄糊涂了。

生　我已经有点儿糊涂了。世上竟然有懂得这么多，而且还能做得准确无误的人，真是让人难以置信！

师　雕刻和绘画你不是也不会吗？你在学会骑自行车之前，不也觉得这件事很难吗？所有的本领都是通过学习得到的，要能准确地测算又何尝不是这样呢？世上的知识是永远学不完的。

第二十一课｜水蒸气

师　今天该讲水蒸气了。

生　又是水啊！如果我们学习每一种物质都得花这么多时间，那我就只能学到一丁点儿化学知识了。

师　我们只是以水为例，以便认识其他物质在不同情况下的性质。比如，你在冰的融化和水的凝固的实验中所见到的各种有规律的情形，与其他物质是相似的，这会节省你的学习时间。

生　为什么偏偏要以水为例呢？

师　因为在所有的物质中，我们研究得最透彻的就是水。

生　为什么一定要选择水呢？

师　因为地球上的水多。你想想，只要温度在0摄氏度以下，地表的情形就会大不相同。没有别的原因，只因为水在0摄氏度时会结冰。所以，当温度下降到0摄氏度以下时，不仅会有冰，就连植物也会停止生长，因为这时候植物体内的水也不能继续运行了。

生　是的，水的影响处处可见。

师　正因为地球上水资源丰富，所以提纯水会比提纯其他物质的成本要小得多。就水的某些性质而言，拿它去和其他物质比较，的确再适合不过了。在讨论温度计和密度时，我们已经遇到过这种情形了。所以我们有充分的理由去详细地了解水的性质，这比认识其他物质的性质重要多了。现在我们继续讨论水的沸腾。

生　关于水的沸腾，还有什么特别的东西可以学吗？无论火有多大，水的沸点在一般情况下总是 100 摄氏度，这一点我记得很清楚。

师　很快你就知道还有哪些可以学的了。我将水倒入一只烧瓶，等它沸腾之后，用木塞塞住瓶口，结果会怎样呢？

生　水蒸气的压力会把烧瓶胀破。

师　没错，为了避免发生这种情况，我把火移开，让它们冷却下来。现在，我再往烧瓶上浇点儿水使它冷却得更快。你看到什么了？

生　真奇怪，水又沸腾了！

师　我再往烧瓶上浇一点儿水，里面的水又沸腾了。现在，烧瓶已经冷却到可以用手去拿了，水温大概是 50 摄氏度。但只要我把冷水浇在烧瓶的上半部分，里面的水就会重新沸腾。

生　我没法理解。

师　为什么没法理解呢？你看到的就是事实呀！

生　水的沸点是 100 摄氏度，这是我学过的，但现在它在温度很低时也能沸腾。

师　所以你能得出什么结论呢？

生　我的结论是：水在任何温度下都能沸腾。不过这肯定是瞎说的。

师　为什么？

生　因为之前无论火焰大小，水总是在 100 摄氏度时沸腾。

师　没错，但当我们看到一种现象发生变化时，就应该明白这是另有原因的。你仔细想一想，之前水的沸腾跟现在水的沸腾有没有不同的地方？

生　之前水是在加热时沸腾的，现在却是在冷却时沸腾的。

师 仅仅因为冷却，水是不会沸腾的。否则当你把火移开之后，烧瓶里的沸水岂不是会一直沸腾吗？还有一个更重要的区别，你没看出来吗？

生 我知道了，您把瓶口塞住了。但一个小小的木塞怎么会影响水的沸腾呢？

师 你把木塞拔掉看看！

生 真难拔，好像空气在里面拼命地拉！

师 所以烧瓶里的空气压力变小了。你知道这是为什么吗？

生 我知道。水刚开始沸腾时，水蒸气把空气赶跑了；后来瓶口被塞住，空气就进不去了。

师 没错！烧瓶里只剩下水和水蒸气了。当我把冷水浇在烧瓶上时，水蒸气遇冷凝结，瓶内的压力便下降了，所以水又开始沸腾了。

生 这么说，只要我们能改变压力，水就可以在任何温度下沸腾。

师 是的，水在任何压力下都会沸腾，而且每一种压力都对应着一种固定的温度，只有在标准大气压下，水的沸点才是 100 摄氏度。而在气压很低的高山上面，沸水的热度是没法把肉煮熟的。

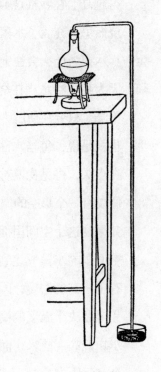

生 我想看一下这个实验。

师 我这就做给你看。现在，我在烧瓶口上装一个带孔的木塞，再把一根弯了两下的长玻璃管的一端插进木塞（图 36），把另一端浸在一个装着水银的盆里，然后加热烧瓶。你听，刚刚那是空气通过水银的声音，现在声音变了，像是由金属发出来的。

图 36

注　这声音是从哪里来的呢？

师　现在烧瓶里只剩水蒸气了，空气差不多都被排出去了。当水蒸气通过玻璃管进入冷水银时，产生的气泡会突然破裂，导致水银发出碰撞的声音。如果空气夹杂在水蒸气里，它就会隔在水银之间，水银便无法发出这种声音。现在我把火移开，把冷水浇在烧瓶上。你看，水又沸腾了。

生　为什么要把玻璃管插进水银里呢？

师　你注意看，我把冷水浇在烧瓶上时水银发生了什么变化。

生　在您把水浇上去的那一瞬间，水银突然升高了；而在水沸腾的时候水银虽然降低了一点儿，但还是比最初的位置要高一些。

师　我之前告诉你的，你现在亲眼见到了。烧瓶里的压力越小，水银就升得越高。在我往烧瓶上浇水的那一瞬间，水银上升得最高，后来因为烧瓶里又充满了水蒸气，所以压力变大，导致水银下降。

生　那水银为什么会往上升呢？

师　因为我把冷水浇在烧瓶上，所以瓶里的水温下降，蒸气的压力也随之下降。只要我使压力下降，水就会重新沸腾。

生　也就是说，每当水面上的气压小于水蒸气的压力时，水就会沸腾。您在点头，可见我说对了。那蒸气压力到底指什么呢？

师　假设有一个真空的空间，那么，这个空间里面几乎是没有大气压力的。如果往这个空间里面倒一点儿水，那么水就会变成水蒸气。一旦这个空间里的水蒸气达到饱和，蒸发作用就会停止。这时，这些水蒸气便有了一定的密度，因此也具备了一定的压力。而密度和压力的大小，完全取决于温度的高低。在 0 摄氏度时，水蒸气的压力很小，只能使水银升高 4 厘米；而在 100 摄氏度时，水蒸气的压力就能大到克服整个空气压力。

生　如果高于 100 摄氏度会是什么样子呢？我们到底能不能把水加热到 100 摄氏度以上啊？

师　只要增强压力就可以，也就是说，只要不让水蒸气散失就行，在高压锅里，水就能被加热到 100 摄氏度以上。当高压锅内的压力是锅外气压的两倍时，水温就能达到 120 摄氏度。当锅内的温度达到 180 摄氏度时，其压力差不多就是锅外气压的 10 倍了。我们可以通过高压锅上面的气压表来了解锅内的压力，气压表有点儿像钟表，里面有一根指针用来指示压力值①。

生　这东西我经常见到，那上面印着的 Atm. 是什么意思？

师　Atm. 是德语 Atmosphäre 的缩写，表示大气压。蒸汽（水蒸气）除了可以推动机器，也能加热食物，你知道这是为什么吗？

生　因为它的温度是 100 摄氏度。

师　这还不够全面。你知道吗？蒸汽所提供的热量远远高于 100 摄氏度的水所提供的热量呢！

生　它们的关系大概跟冰与水的关系差不多，是吗？

师　对极了！要使 100 摄氏度的水变成 100 摄氏度的蒸汽，必须消耗许多热量，这些热量可以通过加热取得。至于需要多少热量，我们可以大概计算一下。先把一定量的水放在酒精灯上加热几分钟，然后根据水的质量和水升高的温度来计算酒精灯每分钟所提供的热量。接着，我们继续在酒精灯上加热那些水，直到水沸腾起来。最后，我们重新称一下水，就能知道它轻了多少，从而得出它所产生的蒸汽的量。由这些蒸汽的量，便能算出 1 克蒸汽的产生需要耗费多少热量了。

---

① 以前生产的高压锅往往装有压力表。

生　我想做这个实验，但我需要用什么容器呢？

师　用烧瓶。先往烧瓶里面倒入 200 克水，测一下水温——你瞧，是 18 摄氏度。酒精灯烧了好一会儿，现在它的火势已经均匀了，我把它放在烧瓶下面烧 15 分钟。现在，你再测一下水温，别忘了好好把水搅拌一下！

生　水温是 78 摄氏度。也就是说，水在 15 分钟内升高了 60 摄氏度，每分钟升高 4 摄氏度。因为水有 200 克，所以这盏灯每分钟可以提供 800 卡热量。

师　对啦！现在水开始沸腾了，我看着表，十分钟后把酒精灯移开，让烧瓶稍稍冷却。现在，我来称一下水轻了多少——14 克。所以说，产生 1 克蒸汽需要多少热量呢？

生　10 乘以 800 等于 8000，8000 除以 14，约等于 571 卡。

师　差不多是对的，准确的数值是 537 卡。我们得到的数值偏大，原因是烧瓶这次不像之前只加热到 78 摄氏度，而是加热到了 100 摄氏度，所以它现在消耗的热量远远多于上一次消耗的热量。

生　我知道，如果我们想得到准确的数值，还需要考虑得更加周全。

师　是的，这个实验比测算冰的潜热要难得多，但是我们暂且不去讨论它了。水的蒸发热大约是它的融化热的 7 倍，这一点你已经知道了。

生　水的融化热是 80 卡，所以是 7 倍。

师　正因为这样，我们才能很便利地使蒸汽把热从一个地方输送到另一个地方。我们可以用蒸汽锅炉制造蒸汽，再通过管道把它输送到需要供热的地方。学校等公共场所就常常设有这种暖气设备，其温度的高低可以通过设备上的阀门来调节。

生　蒸汽放热之后会变成水，暖气设备里面的水去哪儿了呢？

师　那些水通过其他管道重新回到了锅炉里面。水在管道里面循环流动，而热以蒸汽的形式从锅炉里面出来，最终停留在需要它的地方。

生　火车上面一定也有锅炉，对吗？我们经常可以看到火车喷出蒸汽。

师　是的。那些喷出来的蒸汽是多余的，目的是降低锅炉内过大的压力。

现在，我们明白了水的三种形态。但水对我们的意义还不止这些，在水的其他性质中，有一种对于我们来说最为重要，那就是它溶解其他物质的能力。你还记得你学过的关于这一点的知识吗？

生　我只记得那些知识很有趣——我想起来了，水溶解了一些东西之后就会饱和。

师　说得再详细一些！

生　如果我们把水和它所能溶解的物质混在一起，那么这种物质就会在水里溶解，但它溶解的量是一定的，因为溶液饱和之后就不能继续溶解这种物质了。

师　如果用双倍的水来溶解呢？

生　那就可以溶解双倍的物质。

师　没错，但前提是温度没有变化，如果加热溶液……

生　那就能溶解更多的物质。

师　这倒不一定，虽然大部分物质的性质是这样的，但也有一些物质，即使在不同的温度下，溶解在水中的量也不会改变。比如食盐，它在冷水和热水里的溶解度是差不多的。

生　那有没有什么物质是温度越高溶解得越少的呢？

师　也有，不过很少。

生　哪一类物质可以溶于水，哪一类物质不可以呢？

师　严格地说，一切物质都可以溶解于水，只是很多物质的溶解度极其微小，必须通过十分精密的方法才能观察出来。

生　那玻璃总是不能溶于水的吧？

师　玻璃也能在水里溶解呢，只是分量很少。

生　我们能看得见吗？

师　如果你在玻璃上面倒一点儿胡萝卜汁，玻璃是不会变色的。但如果你把玻璃和胡萝卜汁一起放在乳钵里磨一磨，那么胡萝卜汁很快就会变成绿色。这是因为在研磨的过程中有玻璃溶解了，它使胡萝卜汁变绿了。

生　这跟研磨有什么关系呢？

师　水所接触的面积越大，溶解作用也就发生得越快。在你研磨的时候，玻璃与水的接触面积会越来越大。

生　这我倒没有想到。石头总不会在水里溶解吧？

师　所有泉水与河水里面都含有溶解物，你想想水壶里面的那层白色水垢就明白了。

生　是的，我最近就看到一个人在刮水垢，它们牢牢地结在锅炉里。

师　这些杂质是水流从岩石里面带走的，有些泉水原本算得上是"蒸馏水"。

生　蒸馏水？是谁蒸馏的啊？

师　有些泉水来自雨水。从天而降的雨水先渗入土壤，然后进入更深的地方。雨水是从哪里来的呢？

生　是从云那里来的。

师　没错。云又是由空气里的水蒸气凝结而成的，所以说雨水也可以算作一种蒸馏水，而且还很新鲜呢！你知道水是怎么跑到云里面去的吗？

生　肯定是在地面蒸发之后被风吹上去的。

师　你只说对了一半。蒸发需要热量，至于需要多少，之前你已经了解了。那些水蒸发所需的热量来自哪里呢？

生　应该是太阳吧？

师　没错。太阳光可以使它照射到的物体变热，所以它也是一种能。让我们接着讲水能溶解其他物质的这一性质。溶解了某种物质的水，我们称其为某种物质的溶液，溶液往往比原来的那种物质有用得多。

生　为什么呢？

师　因为我们可以用它们来实现化学反应。固体之间往往不容易相互发生反应，即使可以，那种反应也十分缓慢，而且不够充分。如果要使它们发生化学反应，就得把它们变成液体才行，这一点可以通过熔解或溶解来实现。不过熔解通常需要很高的温度，所以不太容易做到，而溶解却简单多了。另外，许多物质在高温下都会发生变化，所以熔解并不是最好的选择。

生　我知道了，在化学中，水是最重要的东西之一。

师　不仅是在化学上，在日常生活中，水也是必不可少的。不管是什么食物，多多少少都会含水。茶、咖啡、牛奶、啤酒……它们都是由水和其他物质产生的溶液。就连血液和人体内的其他一切液体，也都是水的溶液。植物体内也含有水，如果我们使一盆植物失去水分，那它就会死亡，动物也是一样的。

生　水竟然这么重要，我真是做梦也想不到呢！所以说没有水也就没有生命。

师　没错。同样的，我们也可以说没有氧气就没有生命、没有氮气就没有生命、没有铁就没有生命……生命是一种异常复杂的现象，必须具备各种条件才会形成生命。你可以将它比作一条环环相扣的链条，只要其中有任何一环断开，其他环纵使再坚固，这条链子也会断开。生命同样如此，当它缺少了一个必不可少的因素时，它就会停止。所以我们不应该偏重于任何一个因素，而要一视同仁。

第二十二课｜氮气

师 今天我们要更深入地了解空气了。

生 这样一来，希腊人所说的四种元素我们都学到了呢：最初我们学了火，后来学了水和土，现在轮到空气了！

师 因为这些东西无处不在，所以古希腊人觉得它们是最重要的，而将它们称作"元素"。恰好我们也想首先认识这些最重要的东西，所以才会和他们一样。你知道哪些关于空气的知识？

生 我知道它是一种气体，但它不是元素而是一种混合物。

师 还有呢？

生 按照体积来算，氧气在空气中大约占有五分之一的比例，剩下的五分之四主要是氮气。

师 我曾经跟你讲过，氮气跟氧气一样，是无色无味的气体。氮气不支持燃烧，这是它和氧气的不同之处；同时，它自身也不能燃烧，这是它和氢气的不同之处。

生 这样说来，氮气既不能跟氧气化合，也不能跟其他物质化合吗？

师 在一般情况下都是这样的。氮气这东西比较特别，它总喜欢独自待着，不太愿意跟其他物质化合，即使化合了，一有机会它就会跑出来。

生　它不能在水里溶解吗？

师　它的溶解度比氧气还要小呢！让我们来制造一点氮气——你知道怎么
　　做吗？

生　只要把氮气从空气中分离出来就行了。

师　没错，那我们怎么除去空气中的氧气呢？

生　随便让一种东西——比如蜡烛——在空气中燃烧，就能除掉氧气了。

师　这种方法有几个缺点：首先，它会生成其他气体，并和氮气混在一起；
　　其次，在氧气耗尽之前，蜡烛早就熄灭了。我这里倒是有一种特别的
　　东西，可以用它来做实验，它就是白磷。在常温下，白磷可以除掉空
　　气中的所有氧气。我把铁丝插进一小块白磷里面，把白磷点燃后放进
　　一支试管里，再把试管倒着放入水中（图 37）。你看，磷所产生的白
　　烟在往下沉呢，那是它的氧化物。与此同时，水也在慢慢上升。再过
　　一会儿，磷上面不再产生白烟了，那就说明氧气已经被耗尽了，相当
　　于玻璃管中的空气减少了五分
　　之一的分量，剩下的主要就是
　　氮气了。

生　它看上去和空气没什么两样。

师　你马上就会知道它并不是空
　　气。我把一片正在燃烧的木片
　　放进去，火焰立刻就熄灭了，
　　就像放进了水里一样。

生　您给我一些白磷，我想自己做
　　一遍这个实验。

师　我不能给你，因为白磷很容易
　　自燃，而且有剧毒。我另外给

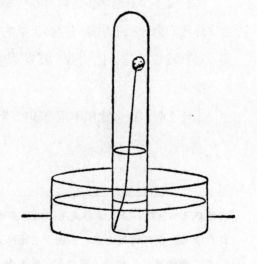

图 37

你一种绿色的东西，它是铁的化合物，俗称绿矾①。把绿矾放入水中溶解，将得到的溶液和石灰混合，就能得到一种同样能够快速吸收氧气的液体。我在这个大瓶子里面倒入一些这种液体，然后用塞子把瓶口塞紧，用力摇晃瓶身。现在，我把瓶颈插入水中，拔掉瓶塞，水立刻就冲进瓶子里去了，这说明确实消耗了一部分空气。

生　我来用木片试试看！确实，火立刻就熄灭了。

师　除了这些，关于氮气的实验，我能做给你看的实在不多，因为它没有构成化合物的倾向，所以我们无从下手。

生　它也像氢气那样轻吗？

师　不，它是空气的主要组成部分，所以它的密度和空气相差不大。

生　这样看来，氮只是一种可有可无的东西。

师　你这样说就不对了。从日常生活乃至军事，氮气都起着十分重要的作用。氮是植物生长所必需的营养元素，颜料、火药等许多重要物品的基本原料都是氮的化合物。虽然氮气用处不大②——因为空气里有很多，要多少就有多少，可是某些氮的化合物却卖得很贵。

生　那我们为什么不用氮气生产大量的化合物呢？

师　难就难在这里，因为我们得花很多钱才能让它与其他物质发生化学反应。

生　为什么啊？很多物质不用花钱就能"自动"和氢气或氧气发生反应啊！

---

① 绿矾又叫铁矾，正式名称是七水硫酸亚铁，化学式为 $FeSO_4 \cdot 7H_2O$。

② 在今天，氮气的用途很广。由于它无味无毒，化学性质不活泼，在常温下很难与其他物质发生反应，因此常被充入食品包装袋，用以避免食品与空气接触后发生氧化或受潮，延长保质期。另外，许多化学物品的生产也离不开氮气。

师　这正是它们的不同之处，因为氮气不容易与其他物质发生化学反应。不过，在自然界中，有许多植物，比如蝶形花亚科的豌豆、蚕豆、羽扇豆等，都能直接将空气中的氮气变成含氮化合物。当发生闪电时，氮气也容易与氧气化合，生成一氧化氮。动物的粪便中含有大量氮的化合物，农民经常用它们给植物施肥。

生　我以前一直不明白，为什么这么难闻的东西会对植物有好处，现在终于明白了施肥的道理！

师　除了氮的化合物，肥料里面还含有植物所需的其他物质。如果我们能把肥料变成一种没有臭味的东西那就好了，但是那种难闻的物质里就包括了氮的化合物。

生　这样看来，氮气也可以叫臭气呢！

师　我们不能把氮气和氮的化合物混为一谈。

生　难道所有氮的化合物都不好闻吗？

师　大部分氮的化合物都不好闻，但并不是只有氮的化合物才会这样，比如硫的化合物通常也有一种难闻的气味。

第二十三课｜空气

生　您昨天跟我说了那么多有关氮的化合物的知识，但没有详细说明其中任何一种，也没有拿实物给我看，所以我猜氮的化合物一定有很多。

师　没错，它们的情形太复杂了，以后你可以慢慢去认识它们，但现在要讨论的关于氮气的问题还有很多呢！

生　我觉得关于氮气的问题是有限的，您不是说过这样的话吗？

师　没错，关于氮元素的性质，我确实说过这话。但氮气是空气中的一种重要成分，所以我们现在要来讨论空气。因为我们生命中的一切举动都要在空气中完成，所以我们必须把它的性质完全搞懂，并且知道怎样利用它，这样才不会遇到很多问题。

生　您说得对，我们没有空气就不能活下去。但是您曾经告诉过我，这仅仅跟氧气有关。您还说"氮气"原本的意思是"不能维持生命"。

师　说得一点儿都没错，我们别再提了。但空气是气体，而且是分布最广、最为人所知的气体，所以我想用它来举例，把气体的性质认知得更加清楚。

生　这我喜欢，因为我直到现在都觉得气体很神秘呢！固体和液体我们看得见、摸得着，可是一只瓶子里面装的是氧气、氢气或是普通的空气，那就看不出来了，因为那看上去就像什么都没有一样。

师 对啊，气体基本上是看不见的，所以关于气体的知识我们了解得很少，所以我才想跟你提出来。你已经知道了我们生存在空气里，至于空气作为一种物体，我们在起风或暴风雨来临时就能感觉得到。正在流动的空气跟正在转动的固体或液体一样，也能使其他物体移动，甚至将它们掀翻、摔破。

生 但我们为什么看不见空气呢？

师 因为我们行走于空气中，四周都是空气，所以才看不见它，就像水里的鱼儿也看不见水。单当空气被水包围的时候，我们就可以看见它了。我用一根吸管把空气吹进一个装满水的瓶子里，这时你就可以把那些球形的气泡看得清清楚楚（图 38）。

生 但气泡里是什么我却看不见呀！

师 空气是透明的，你当然看不见啊！这个玻璃瓶里的水，看上去也像是不存在。你所看到的不过是水跟空气或玻璃杯之间的界限罢了，气泡也是这个道理。

生 既然说水和空气都是透明的，那为什么空气在水里却能被我们看到呢？只有这一点我还不太明白。

师 它们虽然都是透明的，但光在其中通过时所受到的影响是不一样的，这种现象在物理学中被称作不同的折射率。由于这样，你就只能看出明暗之间的细微差别，却看不见特别的颜

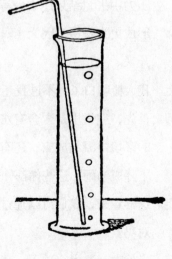

图 38

色。现在我们再从其他方面来进一步认识空气。直到今天为止，你只了解到空气中含有氧气和氮气这两种成分，然而空气中的成分并不只有这些，它里面还含有水蒸气呢！

生　这问题我早就想问您啦！空气能产生一个大气压的压力，而水在这个压力之下必须在 100 摄氏度时才能沸腾。当空气的温度远在 100 摄氏度以下的时候，它里面怎么会含有水蒸气呢？水蒸气不应该早就全部变成液态的水了吗？

师　你能想到这一点，让我很高兴，我还没有把那些能让你解释这些问题的知识告诉你呢！这其中的原因是水在蒸发时，它只受到它本身的压力，却不受到其他同时存在的气体或蒸气所产生的压力。

生　请您解释得清楚些吧！

师　你再想一想我之前跟你讲过的话，我说过，水放在真空中会蒸发，但当水蒸气在其中达到一定的密度之后，蒸发就不再继续。现在我还得告诉你，即使空间里还含有另一气体——比如空气或氢气——水蒸气也仍旧会照样布满其中。这时候，它的压力会加在另一气体所产生的压力中去，结果压力便等于两者之和。不过在这种情形下，水蒸气的形成更为缓慢，因为水蒸气需要经过一段时间才能通过另一气体散布开来。

生　我大概明白了，不过我还想看一看这个实验。

师　首先，空气里是否含有水蒸气，你很容易就能证实。水蒸气会在较冷的环境中凝结成露，还有空气中的水蒸气遇冷时会变成液态的水，并下降成为雨，这些你都知道。

生　这样看来，我们可以通过冷却的方法，把空气中的水蒸气提取出来，对吗？

师　当然啦，这太简单了。我把一个插着进气管和出气管的塞子塞在一只小烧瓶上面（图 39），按照 3∶1 的比例混合碎冰和食盐，制成冷却剂，把烧瓶放在其中。现在，我只要使房间里的空气通过烧瓶，烧瓶里很快就会结冰。冰融化之后就变成水了。

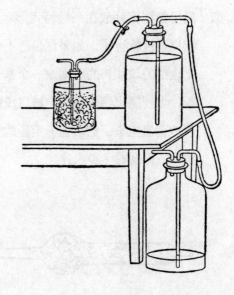

图 39

生　可是我怎样才能让空气通过烧瓶呢？要是用嘴去吹，岂不是太麻烦了吗！

师　我们可以用气柜来制造。如果我们把空瓶放低一些，把另外一只瓶子用一根橡胶管跟烧瓶连接起来，那我们就能把整瓶空气都吸过去了。我们还能用止水夹控制空气进入的速度。洗完一瓶空气之后，我们只要把两只用橡胶管跟烧瓶连接起来，就能再次使用了。

生　对哦，我都没想到气柜不仅可以用来打气，也能用来吸气呢！

师　现在实验已进行很久了，你看，已经有很多霜在烧瓶内沉淀下来了。

生　要把空气里的水提取出来，必须使它冷却才行吗？

师　那倒不一定，还可以用其他方法。有很多物质能快速与水结合，我们只需使湿空气经过它们，就可以提取出水。比如你以前见过的氢氧化钠跟浓硫酸就能产生这种作用。还有化工厂里的氯化钙也是一种常见的吸水剂。无论是在烧干还是熔化的状态之下，它都能快速吸收空气里的水分，所以如果你把一小块氯化钙放在空气里，不到半小时，它就会变成一滴水。用氯化钙可以使空气和其他气体很快变干。

生　那要用什么方法呢？

师　只要把氯化钙放在一种特定形状的玻璃管里（图 40），使气体在玻璃
　　管里通过就行了。如果你自己不能吹出这种玻璃管，那你只要在一根
　　比较细的玻璃管的两端塞一个塞子就行了。但别忘了在两端塞一些棉
　　花，否则氯化钙的粉末会被气流带跑。如果你先将这跟管子的重量精
　　准地称量出来，然后在一定量的空气通过后再称量一下，你就能知道
　　空气里面含有多少水分。

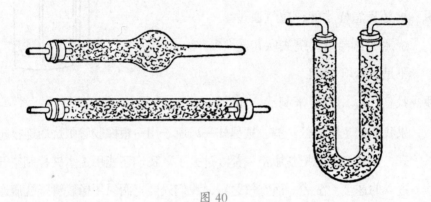

图 40

生　这我倒想试一试。

师　那你得使几十立方分米空气通过，否则你得不到多少水分。

生　那空气里到底有多少水分呢？

师　那可不能一概而论，这跟温度和空气的密度是有关系的，水在空气里
　　怎样蒸发，我刚刚已经告诉你了，你还记得吗？

生　它在空气里和在真空里的蒸发量一样的。

师　对啦！温度越高，那么每一空间内的水蒸气压力也就越大，含量也越
　　多。这里有一张表，它能告诉你空气跟液态水相互接触时，或者说空
　　气中的水蒸气饱和时，每立方米空气中到底含有多少水蒸气。

温度	每立方米空气中所含有的水蒸气饱和量
0℃	4.9g
5℃	6.8g
10℃	9.4g
15℃	12.7g
20℃	17.2g
25℃	22.8g

生　我们在讨论溶液时也用过"饱和"这个词语呢！

师　是的，道理是一样的，在这里的意思是说空气不能再吸收更多的水蒸气了。

生　但可以吸收得更少对吧？

师　那当然，这跟溶液是一样的。天空上或房间里的空气通常不是饱和的，只有当下雨起雾的时候，空气里的水蒸气才是饱和的。空气中实际所含有的水分跟它在饱和时所含有的水分的比，叫作空气的相对湿度。比如在 20 摄氏度时，每立方米空气中含有 14 克水，那它的湿度就等于 $\frac{14}{17.2}$，即 0.81，或 81%。因为根据上面的表格，空气在 20 摄氏度时最多可以含有 17.2 克水。一般情况下，空气湿度为 70%；如果空气湿度是 50%，我们就会觉得太干燥了；如果空气湿度是 90%，我们就会觉得太潮湿了。

生　这我完全弄明白了。

师　现在你再仔细看看那张表。温度每升高 10 摄氏度，水蒸气的含量差不多就升高两倍，在 20 摄氏度时，空气中的水蒸气只饱和了一半，

在 10 摄氏度时它就完全饱和了。所以如果湿度为 70% 的空气降低 10 摄氏度，就会有一部分水蒸气变成液态水沉淀下来，这就是下雨的原因。

生　比起空想，数字可以让我们了解得更加清楚。不过，雨和雾到底有什么不同呢？

师　这跟沉淀下来的水有一定的关系。如果水沉淀得少，那些极其细微的水滴就不能形成雨滴，而只能形成雾，反之就会形成雨，所以雾总是比雨先形成。天上的雾我们并不称其为雾，而称之为云。

生　我们怎么能知道云就是雾呢？

师　山上常常有白云缭绕，如果我们爬上山顶去看一看，就知道那其实是雾。

生　还有一点也请您告诉我，空气中的水蒸气为什么不总是饱和的呢？它不是处处都会跟水接触吗？不仅在海洋里，就是在陆地上也有很多环境是这样的。

师　这是因为空气是流动的，所以它的情形会常常发生变化。假设在某地，空气中的水分原本是饱和的，后来它被吹到另一个比较温暖的地方，其中的水分就会变得不饱和，这一点你只要再看一眼上面的表格就能明白了。如果它被吹到一个比较冷的地方，那它就会失去一部分水分，从而形成降雨。这时如果又恢复到最初的温度，那它就会再次变得不饱和了。这样看来，无论发生什么变化，空气中的水分总是朝着不饱和发展。

生　这个问题比我想象中的简单多啦！

第二十四课 | 碳（一）

师 就产量和重要性而言，除了氧、氢、氮，就要数碳了。你知道，木炭的主要成分就是碳元素。

生 因为知道您今天要讲碳，所以我预先仔细观察了木炭，我发现木炭上面有很清晰的年轮。

师 在显微镜下，我们甚至能看到木头里面的每一个细胞。

生 木材本身并不是只含有碳元素吧？

师 是的，除了碳，木材当中含量较多的元素还有氢元素和氧元素。

生 世界上有没有只含碳元素的物质呢？

师 当然有，比如炭黑就是一种碳单质①。你知道，炭黑是一种非常细腻的黑色粉末。

生 您以前说过，几乎所有固态单质都是晶体，但是碳黑好像就不是晶体呀！

---

① 炭黑是含碳物质如煤、天然气、燃料油等在空气不足的条件下经过不完全燃烧或受热分解而生成的物质。

师 炭黑确实不是晶体，我们将这一类物质称作无定形体。炭黑和木炭都是无定形碳。

生 石煤也是无定形碳吗？

师 不是，地下出产的煤，比如无烟煤、石煤、褐煤、泥煤等，它们都是化合物，含有大量的碳，其中无烟煤的含碳量最高，泥煤最低。这些煤都是由植物变成的，所以我们总是能在石煤和褐煤当中找到植物的遗体，至于泥煤，它往往是由植物的碎片形成的。

生 现在我明白了，因为碳是许多燃料的重要成分，所以您才把它当作一种重要元素。

师 是的，我们不仅在日常生活中使用燃料，也在工业生产中使用燃料。许多机器的运转需要借助煤的热力，化工厂和冶炼厂也离不开煤，没有煤的世界是不堪设想的。

生 为什么煤会有这么大的用处呢？

师 因为煤在燃烧时会放出大量的热，我们可以用它来加热物体、推动机器、促进物质发生化学反应。简单地说，凡是需要能量的场合，煤都可以派上用场。

生 您在讲氧气的时候也说过这样的话，这是为什么呢？

师 只有当煤在氧气中燃烧时才会产生大量的能，所以煤和氧气，缺一不可。

生 它们一个是气体，一个是固体，氧气到处都是，煤却要花钱去买。

师 没错，正因为煤是一种固体，所以使用起来很方便。煤是工业上最重要的能源之一。你要注意一点：我们烧煤时，必须尽可能保留煤释放的热量，同时尽快使煤燃烧所生成的物质通过烟囱排出去。我们并不是因为煤里面含有碳元素才去用它，而是因为煤能够释放出大量的热量。

生 我从来都没有这样想过呢，但我相信您的话是对的。

师 你也可以从下面的例子中明白这个道理：汽船或火车出发之前，一定会先储备好煤。它们行程的远近，取决于煤的多少。煤用完了，机器也就不动了，所以沿海地区和海岛上面总是设有售煤的站点。

生 但我们划船的时候并不需要煤。

师 这个问题你自己就能想明白。

生 我知道了，食物的作用跟煤是一样的，但食物并不是由碳组成的呀。

师 但食物中都含有碳。碳水化合物是由碳、氢、氧三种元素组成的，它们都属于有机化合物。有机化合物一定是含碳的化合物。

生 有机化合物多吗？

师 数都数不完呢！而且我们仍在不断地发现新的有机化合物。

生 这哪能学得完！

师 是的，但是没关系，因为已经有书本收录了大量有机化合物的相关知识，我们只要查一查就能了解了。

生 其他元素也有这么多化合物吗？

师 不，它们的化合物少得多。正因为这样，我们才把大部分碳的化合物归为有机化学的研究对象，而把其他物质都归为无机化学的研究对象。

生 听上去有点儿牵强。

师 看似牵强，实际上还好，因为各种碳的化合物的相似之处很多，所以可以把它们归在一起。不过也有少数碳的化合物会出现在岩石中，比如大理石和白垩①，所以它们被归为无机化学的研究对象。这些我们以后再来讨论，现在我们还是继续讨论碳元素吧。金刚石也是由碳元

① 大理石和白垩中都含有碳酸钙，碳酸钙是一种无机化合物。

素组成的，你知道吗？

生　知道，因为它可以在高温下燃烧。

师　这个理由还不充分，因为并不是只有含碳的物质才能在高温下燃烧。

生　但是我听说碳的单质在燃烧之后是不会剩下什么东西的。

师　这一点总算是比较接近了，但碳单质并不是唯一具有这种特性的物质。

生　那关键就在于燃烧后的产物了。

师　说得很好，现在我们离答案越来越近了。你知道，木炭燃烧时会生成一种叫作二氧化碳的气体，这种气体可以与石灰水发生反应，生成一种白色沉淀，使原来澄清的石灰水变浑浊。现在，我在一个玻璃管里面放入一小块煤，一边用火加热玻璃管，一边通入空气，同时将玻璃管一端的导管插入石灰水中（图41）。现在煤已经烧红了，而且你能看到石灰水也变浑浊了。

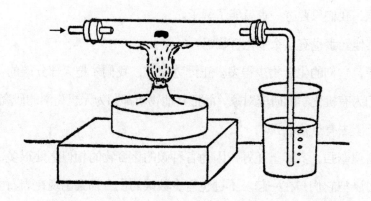

图 41

生　所以如果我把实验中的煤换成金刚石，石灰水一样也会变浑浊。

师　没错，不过这实验就不能用普通的玻璃管来做了，因为金刚石只有在很高的温度下才能燃烧，而普通玻璃管在高温下却会熔化。另外，最好将空气换成纯净的氧气。

生　这个方法确实能证明金刚石是不是由碳组成的。

师　等一等，不要太早下结论，因为这也只能证明金刚石里面含有碳元素，却不能证明它是完全由碳元素组成的。你怎样才能知道它除了碳元素之外，不再含有其他元素呢？

生　我不太明白您的意思。

师　你看，我再用木炭把刚刚的实验做一遍，虽然石灰水照样会变浑浊，但是木炭并不完全是由碳元素组成的，木炭里面还有氢元素和氧元素。

生　让我想一想。哦，我知道了！氢气燃烧会生成水，所以说，如果一种物质燃烧后只生成了二氧化碳，那我们就可以判断这种物质完全是由碳元素组成的。

师　你离答案已经很近了，但还是没有抓住问题的关键点。一氧化碳并不是完全由碳元素组成的，但它在氧气中燃烧的产物也只有二氧化碳。一氧化碳是一种气体。

生　既然是气体，那我就不会把它跟金刚石弄混了。

师　你这样要小聪明是不对的，这样你会失去一个增长知识的机会。

生　说实话，关于金刚石的这个问题，我实在想不出答案了。

师　以质量来算，三份碳燃烧后可以生成十一份二氧化碳，因为它和八份氧气发生了化学反应。我们用金刚石做实验时，得到的结果就是这样。假如金刚石里面含有的元素不仅仅是碳，那它在氧气中燃烧所生成的二氧化碳就没有这么多了。

生　这么说，木材燃烧所生成的二氧化碳要少于煤燃烧所生成的二氧化碳。

师　没错。

生　还有可以生成更多二氧化碳的物质吗？

师　绝对没有，但还有一种物质，它燃烧后所生成的二氧化碳和金刚石一样多，那就是我们用来制作铅笔芯的石墨。

生 所以说石墨也是完全由碳元素组成的吗？

师 没错。

生 但我还是不明白，同一种元素怎么能组成不同的物质呢？既然煤几乎完全是由碳元素组成的，我们为什么不用煤来制造金刚石呢？

师 问得好，我会尽力回答你。同一种物质，比如水，它还能以冰和水蒸气这两种不同的形态出现。

生 这是水的三种形态，可是金刚石、石墨和煤都是固体啊！如果能用加热或冷却的方法使这它们互相转化，我才能相信它们是由同一种元素组成的，况且它们还可以在同一温度下同时存在。

师 没错，我们确实可以用高温使煤变成石墨。

生 那我们能不能让金刚石也变成石墨呢？

师 当然可以，用同样的方法加热就行。

生 反过来呢？

师 也是可以的，不过有些复杂。我不想说得太详细，你只要知道有这个可能性就够了。

生 金刚石呢？我们可以用煤或石墨来制造它吗？

师 这也是可以的。

生 那金刚石不应该这么贵啊！

师 我们目前制造出来的金刚石是很有限的。

生 为什么呢？地球上不是有很多煤吗？

师 如果要使它们变成金刚石，必须达到极高的温度和压力才行，但这种条件并不容易达到。

生 我明白了。为什么只有碳元素才能单独组成不同的物质呢？

师 有些元素也可以的。

生　这一类物质是不是都是固体呢？

师　主要是固体。我们把这些物质称作某种元素的同素异形体。所以金刚石和石墨是碳元素的同素异形体。

生　我明白了。

第二十五课｜一氧化碳

师　碳燃烧会生成什么物质，你已经知道了。

生　是的，碳燃烧会生成二氧化碳。我们为什么不直接叫它"氧化碳"呢？

师　因为除了二氧化碳之外，碳和氧气还能生成一种叫作一氧化碳的物质，二氧化碳中含有的氧元素是一氧化碳的两倍。

生　一氧化碳是一种什么样的物质呢？

师　它和二氧化碳一样，也是一种没有颜色的气体，不同的是，它不仅具有可燃性，而且有毒。

生　我可以看得到它吗？

师　就跟所有的普通气体一样，我们看不见它。

生　我好像没见过一氧化碳燃烧。

师　你不是经常看到煤在火炉里燃烧吗？添新煤时，火炉里面总是会出现一种明亮的火焰。这种火焰是由煤释放出来的氢气燃烧所形成的，它之所以能够发亮，是因为有些碳的化合物被氢气带走了。

生　是的，我常常遇到这种情形。

师　当煤完全烧红之后，火焰的颜色就跟刚开始不一样了，它变成了淡绿色，在白天几乎看不出来。也许你还看过工人烧焦煤，焦煤烧红之后，炉子会特别热，但我们只能在晚上看见一点儿淡淡的火焰，在白天几乎什么都看不到。

生　是的，我见过，那火焰就跟酒精灯的火焰似的。

师　没错，那就是一氧化碳的火焰。

生　以后我得仔细地观察一下火炉。

师　你在观察的时候千万要小心，因为一氧化碳没有气味，但它有毒，每年都会有很多人因为一氧化碳中毒而死亡。

生　他们怎么会中毒呢？

师　火炉里面的煤烧红之后，如果过早地关闭炉门，那么进去的空气就不够充分，无法生成二氧化碳，而会生成大量一氧化碳。一氧化碳涌入房间，房间里的人就会中毒。

生　房间的容积比火炉大多了，而且空气也会流通，所以聚集在房间里的一氧化碳应该不会很多啊！

师　这话没错，即使空气里的一氧化碳不多，但它也会聚集在人的血液里。人们吸进一氧化碳之后，往往只会感到犯困，并不会有窒息的感觉，所以往往也不会想到求救。

生　那我们应该怎样帮助中毒的人呢？

师　应该赶快把他们移动到有新鲜空气的地方，让他们深呼吸，注意保暖，必要时，还得为他们做人工呼吸。煤气里也含有不少一氧化碳，所以煤气也是有毒的，不过煤气中混有其他难闻的气体，所以我们可以提前察觉。当我们闻到这种气体时，应该立刻查看是否有煤气泄漏，并即使采取防护措施，以免酿成惨剧。

生　我们体内也含有碳和氧，它们并没有毒性，可是没想到它们化合之后居然会有毒！

师　通过这一点你就可以明白，化合物的性质与它们所含有的元素的性质

是截然不同的。如果我们所说的话，会让人误以为元素组成化合物后依然会保留它们的所有性质，那么这些话一定是不对的。

生　我知道了，不过每次说到这个话题，我就会不由自主地这样想。

第二十六课 | 二氧化碳

师　你还记得哪些有关二氧化碳的知识？

生　它是含碳物质燃烧时所生成的一种气体，我们可以用石灰水来证明它的存在。

师　记得还算清楚。二氧化碳和石灰水发生反应的时候会有什么现象？

生　石灰水会变得像牛奶一样浑浊。

师　没错，换句话说，它会生成一种白色沉淀。

生　什么东西会沉淀下来呀？

师　如果你让这种浑浊的液体静置片刻，就会看到一层白色的沉淀，这种物质的密度比水要大。凡是因化学反应在液体中生成的固体，我们都称之为沉淀。二氧化碳有什么性质呢？

生　它应该也是一种无色的气体。

师　没错，它比空气要重，所以会在空气中下沉，这种性质正好跟氢气相反。

生　我想看一看。

师　那我们得先制取二氧化碳。我来做一个二氧化碳发生器给你看看，它和氢气发生器的构造是一样的。长颈漏斗里装的还是盐酸，不过瓶子里放的不再是锌，而是白垩或大理石。你瞧，盐酸刚流进去，瓶子里面就开始冒泡了，从那气泡里放出来的气体就是二氧化碳。

生 白垩跟盐酸发生了什么反应呢？

师 关于这一点，因为你现在掌握的知识还不够充分，所以我不能详细地解释给你听，但你很快就会学到的。目前，我们只需证明它们生成的气体是二氧化碳就足够了。我们让这些气体进入一只空烧瓶里，再往烧瓶里面倒些石灰水，然后摇晃一下烧瓶。

生 没错，又生成那种白色沉淀了。

师 通过这个实验你还可以看出，二氧化碳确实比空气重，因为它进入烧瓶之后就留在里面了。我们还可以用另一种方法让这个事实呈现地更加清楚，就是把二氧化碳像氢气那样装在两支试管里，一支试管管口朝上，另一支试管管口朝下。管口朝上的那支试管里的二氧化碳是不会跑掉的。你说，这要怎么证明呢？

生 还是用石灰水。

师 其实有更简单的办法。二氧化碳和氮气一样，无法助燃，将燃烧的物体放入二氧化碳里面，火焰就会立刻熄灭。你看，我把点燃的木片放进管口朝下的试管里，木片还在燃烧，再放进另一个试管里，它很快就熄灭了。

生 所以说氮气和二氧化碳的性质是一样的！

师 如果只是针对它们能使点燃的木片熄灭这一点来说，你的话没错。但是氮气无法与石灰水产生沉淀，所以它们的性质不完全相同。两种不同的物质具有同一种性质的例子很多，可是只要它们有一种性质不同，我们就不能把它们当作同一种物质。二氧化碳跟氮气不同的地方还有很多，比如二氧化碳的密度比氮气要大。

生 为什么燃烧的木片放在二氧化碳里面会熄灭呢？二氧化碳里面不是含有氧元素吗？

师 木片里面燃烧的东西主要是碳。按照你的道理，木片里的碳岂不是能把二氧化碳里面的碳元素赶出去吗？这就相当于让你把你自己举起来！

生 我明白了！

师 不过有些物质可以将氧气从二氧化碳中提取出来，比如镁。你知道，镁条燃烧时会放出耀眼的白光。现在我准备收集一瓶二氧化碳。

生 需要让它聚集在水面上吗？

师 不用，我让它直接通入瓶底就行了，它的密度比空气大，所以不会从瓶子里跑掉。如果想知道瓶子里有没有装满，只要把点燃的木片放在瓶口上试试就知道了。木片如果熄灭了，就说明瓶子里已经装满了二氧化碳。

生 这还不简单，让我来试试吧！现在，瓶子里已经装满了二氧化碳。

师 一根镁条容易熄灭，所以我把几根一起点燃，把它们放进二氧化碳里面。

生 火焰就像雨水一样四处飞溅！

师 由此可见，镁在二氧化碳里的燃烧跟它在空气中的燃烧是不同的。现在，我们看到瓶子里面生成了白色和黑色的物质，白色的是氧化镁，黑色的则是从二氧化碳里面置换出来的碳。我把盐酸倒进瓶子里，氧化镁会溶解，碳会留下来。

生 没错，现在全部变黑了。起泡沫的是什么呢？

师 是剩余的镁，它和锌一样，可以与盐酸发生反应而放出氢气。现在我想把二氧化碳的另一种性质展示给你看。我先在一只瓶里装满水，再往瓶中通入二氧化碳，然后用大拇指堵住瓶口，用力摇晃瓶身。你瞧，大拇指被瓶口吸住了，这表明瓶子里的压力减小了。这时，如果我把瓶子倒放在水中，把大拇指拿开，就会有很多水流进瓶子里。只要我继续这样做下去，最后整个瓶子都会装满水。这个实验有什么意义，你知道吗？

生 它说明二氧化碳被水吃掉了。

师 没错，二氧化碳在水中的溶解度很大。在室温下，1升水差不多可以溶解1升二氧化碳呢！如果在低温下，二氧化碳在水中的溶解度更高！

生 汽水就是根据这个原理做的吗？我记得您好像说过。

师 是的，汽水就是二氧化碳的水溶液，不过其中还添加了其他物质。

生 但是这种水一般都叫碳酸水。

师 二氧化碳俗称碳酸，这名称就和氧气最初叫"酸素"一样，都是来源于错误的观念，所以我要让你在初学的时候就使用正确的名称。汽水会产生气泡，你还记得原因吗？

生 因为那些二氧化碳是在压力的作用下才在水里溶解的，当我们把瓶盖打开时，压力变小了，所以它们就跑出来了。

师 没错，压力不同，同一气体的溶解度也就不同，二者是成正比的。制造汽水所用的压力，大多为四个大气压，所以汽水里面的二氧化碳是水在一个大气压下所含二氧化碳的四倍。当我们把汽水倒出来的时候，多余的二氧化碳就会跑掉，形成气泡。

生 还有其他饮料也会起泡沫，比如啤酒，这也是二氧化碳的作用吗？

师 当然啦！但是啤酒里面的二氧化碳主要是麦芽在发酵过程中形成的。

生 具体是怎么形成的呢？

师 麦芽中含有糖分，这些糖分在酒曲的作用下会分解为乙醇和二氧化碳。

生 前段时间有位朋友告诉我，他家有一个专门用来储藏啤酒的地窖，经常有人把碳酸桶搬进地窖里。有一次，他指着一个很大的铁桶，说那就是碳酸桶——碳酸桶有什么用呢？

师 碳酸桶里面装的是液态二氧化碳，我们可以用它把啤酒桶里的啤酒压到楼上去。

生　还有液态的二氧化碳吗？

师　当然有啦！只要用一种力气很大的机器来压缩二氧化碳，最后二氧化碳就会变成像水一样的液体。

生　那得要巨大的压力才行吧？

师　这要看温度有多高了。在 0 摄氏度时，需要 35.4 个大气压；在 20 摄氏度时，需要 58.8 个大气压；在零下 80 摄氏度时，只要 1 个大气压就够了。这和水十分相似，水蒸气的温度越高，它的压力也就越大。不同的是，二氧化碳的温度要低得多。

生　下次我要请那位朋友的父亲倒一点儿液态二氧化碳让我开开眼界。

师　这是不可能的，因为液态二氧化碳一旦从铁桶里面流出来，就会立刻变成像雪一样的固体。

生　这是为什么呢？

师　包括液态二氧化碳在内的所有液体，在汽化时都要消耗大量的热量，一旦液态二氧化碳进入仅有 1 个大气压的空气里面，它就会立刻沸腾，消耗大量的热，所以剩下的一部分二氧化碳就会变成固体。

生　这么说，我们也能让水蒸发而凝固成冰。不过这不可能吧？

师　那也未必，只要我们能让水在 0 摄氏度以下沸腾就行。要做到这一点，就得把压力降到很小，比如我们把水放入真空环境中，它就会凝固，这种情形就跟我刚刚讲的关于二氧化碳的情形完全相同。你看，二氧化碳也有三种形态，从这一点来看，它和水也是相似的。二氧化碳是一种重要的轻工业原料，我们生产汽水和啤酒都要用到它。

生　这么多二氧化碳，都是从哪里来的呢？

师　主要是从地下冒出来的。在很多地方，尤其是有火山或者有过火山的那些地方，会有二氧化碳不断地从地下流出来。如果它们在地下与水

流相遇，就会使水变成带有酸性的矿泉水。

生 为什么带酸性呢？

师 因为二氧化碳的水溶液就是酸性的呀！

生 "碳酸"这个名字就是这样得来的吧？

师 它们是有关联的。在很多地方，二氧化碳也会单独冒出来。人们收集起这些二氧化碳，并用机器把它们压缩在铁桶里面。在意大利那不勒斯的维苏威火山附近，就经常有二氧化碳从地下冒出来。那里有一个洞穴，其中流动着高达半米的二氧化碳，就像一条隐形的河流。人们进入这个洞穴后，因为身体的高度大于二氧化碳的高度，所以不会窒息，但是狗进入这个洞穴之后，很快就会死亡。这就是有名的"屠狗洞"。

生 人们真的会眼睁睁地看着狗在洞里面窒息而死吗？

师 不会，人们会趁早把它们抬到空气里面，让它们醒过来。

生 这样还是有点儿残忍！不过，动物为什么会在二氧化碳中窒息而死呢？

师 这就跟它们会在氮气中窒息而死是一样的，因为缺少氧气。二氧化碳和氮气一样，本身是没有毒性的，我们的肺里面也含有二氧化碳。

生 所以说，我们呼出来的气体里面也含有二氧化碳。

师 没错，只要用一根玻璃管向澄清的石灰水里面吹一口气，你就能看出来了。

生 果然，石灰水变浑了！还有白色的东西沉淀下来了。我得把这些新知识牢牢地记住！

第二十七课｜阳光

生　老师，我最近又想起一件事，为了这件事，我绞尽了脑汁。燃烧、呼吸和腐烂的时候都会生成二氧化碳，地下也会冒出二氧化碳；既然有这么多二氧化碳，那空气里面岂不是充满了二氧化碳吗？

师　空气里面确实含有二氧化碳，不过并不多，按照体积来算，二氧化碳在空气中占有的比例大约只有 0.03%。只有在那些密闭的房间里，二氧化碳才会因为呼吸、发酵或其他作用而渐渐聚积起来。澄清的石灰水长时间暴露在空气中，也会形成一层白皮，由此你就可以明白空气中是含有二氧化碳的。

生　一层白皮？哦，我知道了！因为空气中的二氧化碳只能在石灰水表面发生作用，所以只有水面生成了一层沉淀。但空气里的那些二氧化碳去哪儿了呢？难道是因为它太少了，所以我们察觉不到它的增加？

师　如果它确实在不断增加，那我们就可以察觉出来。但问题是，空气在增加二氧化碳的同时也在不断地失去二氧化碳，这样就形成了一种平衡的状态。

生　失去的二氧化碳去哪儿了呢？

师　被植物吸收了。植物能利用二氧化碳进行光合作用，释放氧气。

生　也就是说，植物可以制造氧气？我能看得到吗？

师　这也容易。我们在一个很大的漏斗里面装一些新鲜的绿叶，然后把漏斗倒过来，放在一个装满新鲜清水的铅桶里。等漏斗装满水后，用塞子把它塞住，将它们一起移到太阳底下。

生　我去搬铅桶。

师　那太麻烦了。只要在漏斗下面放一只盘子，再把它们从水里一起取出来就可以了。用不了多久，在太阳的照射下，就会有气泡上升，最终变成气体聚集在漏斗里面（图 42）。

图 42

生　它们也许是原本就溶解在水里面的气体呀，只是因为水变热了才被释放出来。

师　不是的，水怎么会这么快就变热呢？我们就这样把它们放在太阳底下不时转动，让太阳均匀地照射它们。等我们收集到几立方厘米的气体之后，就把漏斗放回桶里，使桶里的水与漏斗中的水保持一样的高度，然后拔掉塞子，用一小片即将熄灭的木片去检验那些气体究竟是不是氧气。

生 这个实验太有趣了！现在植物的形状也和刚才不太一样了。我从来没有想过氧气经过呼吸、燃烧等作用，也会有用完的一天。植物为我们提供氧气，确实是我们的恩人呢！

师 是的，我们必须通过食用植物来维持生命。

生 您说的这些我不太明白，我们的食物里面也包含动物，并不都是植物呀！

师 但那些动物也需要通过食用植物来维持生命啊！我们吃的大多是食草动物，很少吃食肉动物。就算是食肉动物，它们也会食用食草动物。所以，人和动物其实都是依靠植物生长的。

生 确实是这样的。既然植物可以释放氧气，那森林里面的氧气应该很充足吧？我们之所以喜欢在森林里散步，乡村之所以有益于我们的身体健康，也是出于这个原因吧？

师 那倒不是。林中与林外相比，乡村与城市相比，它们空气中的氧气含量其实差不多。

生 这是为什么？这跟您刚刚讲过的话不是矛盾了吗？

师 因为空气总是在不断地流动，此处与彼处的空气很快就会混合，所以它们当中的氧气含量是差不多的。即使是小风，它每两分钟也能移动 1 千米呢！所以说森林里的空气很快就会流到城市里面，反过来讲也一样。

生 如果在大海上面呢？

师 那也差不多。海水里面有动物，也有植物。那些植物跟陆地上的植物一样，也能发生光合作用，不过它们所吸收的不是溶解在空气里的二氧化碳，而是溶解在水里的二氧化碳。它们释放出来的氧气溶解在水里之后，就会被鱼类和其他海洋动物吸入体内。

生　是的，那些鱼都是用鳃呼吸的。那鳃到底是什么东西呢？

师　它能吸入水中的氧气，使氧气随着血液循环输送到身体的各个部分。来自组织细胞的二氧化碳也就是在这里与氧气完成了交换。

生　这样看来，水生动物和陆生动物本质上是一样的，只不过它们所需的氧气来自不同的地方。

师　对极了！还有一些低等动物的运作方式更为简单，它们可以通过组织细胞直接运水呢！

生　这种循环真有趣！动物不用的就送给植物去用，植物不用的就送给动物去用。氮气也是这样的吧？

师　没错，不过氮气要跟其他元素化合在一起才对动植物有用，这话我之前已经跟你讲过了。

生　我记得。还有一点我早就想请教您了，请您解释一下吧。那些植物的叶子为什么要有光才能释放出氧气呢？

师　这一点你应该想得到啊！碳变成二氧化碳的时候，不是会放出大量的热吗？

生　是的，人、动物还有机器运作时所需要的能量也是从这里来的。

师　所以，生成二氧化碳时释放多少能量，分解二氧化碳时也就需要消耗多少能量。那么植物从哪里得到这些能量呢？

生　我刚刚没有想到这一点。您好像说过这些能量是从太阳那里获取的，对吗？

师　是的，植物和动物一样，需要喝水、生长、繁殖，这些活动所需的能量，它们是无法凭空制造的，它们必须通过吸收养分、接收光照来获取能量。

生　您说过，植物和动物一样，必须借助食物才能维持生命活动，这么说来，植物也应该释放二氧化碳才对。

师　确实如此。植物可以跟动物一样，通过"燃烧能量"去获取它们活动时所需要的能量；它们也能从阳光中获取能量，并且它们所获取的能量远远多于它们所消耗的能量，因为它们必须储备一些能量以维持它们在黑暗中的生活。所以它们每时每刻都会释放二氧化碳，不过它们在阳光下所释放的氧气远远多于二氧化碳。只有在黑暗中，它们才会单独释放二氧化碳。

生　所以我们是依靠太阳生存的，对吗？水和空气之所以能在地面上流动，也要归功于太阳。这样说来，地球上的一切现象都和太阳有关系。

师　这话差不多是对的，因为我只知道世界上有一种现象与太阳没有关系，那就是潮汐①。

———————————————————

① 实际上，潮汐的形成也跟太阳的引潮力有一定关系。